¿CÓMO SON LAS PARTÍCULAS ATMOSFÉRICAS ANTROPOGÉNICAS Y CUÁL ES SU RELACIÓN CON LOS DIVERSOS TIPOS DE FUENTES CONTAMINANTES?

¿CÓMO SON LAS PARTÍCULAS ATMOSFÉRICAS ANTROPOGÉNICAS Y CUÁL ES SU RELACIÓN CON LOS DIVERSOS TIPOS DE FUENTES CONTAMINANTES?

Antonio Aragón Piña

Universidad Autónoma de San Luis Potosí
Instituto de Metalurgia-Facultad de Ingeniería
San Luis Potosí, S. L. P., México, 2011

Número de Control de la Biblioteca del Congreso de EE. UU.: 2011917146
ISBN: Tapa Blanda 978-1-4633-0202-3
Libro Electrónico 978-1-4633-0203-0

Este Libro fue impreso en los Estados Unidos de América.

Para pedidos de copias adicionales de este libro, por favor contacte con:
Palibrio
1663 Liberty Drive, Suite 200
Bloomington, IN 47403
Llamadas desde los EE.UU. 877.407.5847
Llamadas internacionales +1.812.671.9757
Fax: +1.812.355.1576
ventas@palibrio.com
346998

Esta obra está dedicada especialmente a mis queridos alumnos por su valiosa contribución a la investigación sobre este campo de estudio: Arturo Alberto Campos Ramos, Gladis Judith Labrada Delgado, Alejandra Duarte Aguilar.

A mi esposa e hijos por ser mi principal fuente de motivación, así como a mis padres, hermanos y amigos de toda la vida.

A mi querida Universidad Autónoma de San Luis Potosí por su respaldo, así como a las autoridades, colegas y amigos del Instituto de Metalurgia y Facultad de Ingeniería.

Agradezco a mis amigos y colegas de la Facultad de Ciencias Químicas y Facultad de Estomatología, por su apoyo y motivación.

Mi reconocimiento y gratitud por su valiosa colaboración, sin la cual no hubiera sido posible la realización de esta obra:

Del Centro de Estudios Académicos sobre Ciencias Atmosféricas de la Universidad Autónoma de Querétaro: Antonio Aranda Regalado.

Del Centro de Ciencias de la Atmósfera de la Universidad Nacional Autónoma de México:
Rafael Villalobos Pietrini, Omar Amador Muñoz ,Telma Gloria Castro Romero.

Del Centro Universitario de Investigaciones en Ciencias de la Atmósfera de la Universidad de Colima: Ignacio Galindo Estrada.

Del Instituto de Ciencias de la Tierra "Jaume Almeda" del Consejo Superior de Investigación Científica, España: Xavier Querol Carceller, Andrés Alastuey.

Agradezco la colaboración en la forma estructural de esta obra a Gabriela Lara Ojeda y a Gabriel Joel Pozos Campos.

Mi reconocimiento y gratitud a mi querido amigo por su invaluable apoyo y entrega en la revisión de esta obra: Arturo Rodríguez Roque.

Agradezco el financiamiento otorgado para estas investigaciones a CONACYT a través de los proyectos: FOSEMARNAT-2004-C01-048, y el apoyo 90290 para investigadores del Sistema Nacional de Investigadores.

Mi más profunda gratitud a la empresa Capstone Gold por haber impulsado y patrocinado esta obra, especialmente al Ing. Manuel Estrada Rodríguez por su gran apoyo y el tener dentro de sus prioridades la protección al medio ambiente; así como a la Ing. María Teresa Pineda Méndez, por su interés y acciones por difundir este campo de estudio dentro del sector industrial.

Contenido

Presentación

El nivel de conciencia de la sociedad contemporánea por la conservación del medio ambiente deja, hoy por hoy, mucho qué desear, y definitivamente estamos obligados a lograr que las actuales y próximas generaciones pongan mayor interés en este tema, pues es un hecho ineludible que la calidad de vida en nuestro planeta está deteriorándose con cada día que pasa. El cambio climático que estamos observando será irreversible a muy corto plazo si no se educa debidamente a la población mundial para hacerla partícipe en esta problemática, y sobre todo en los países en desarrollo que presentan un considerable nivel de industrialización y de uso de combustibles, y a la vez, un bajo nivel de concientización por el deterioro de la calidad del aire. A estas alturas, es necesario tomar acciones efectivas e inmediatas para mitigar las emisiones de gases y partículas a la atmósfera, y buscar otras alternativas para adaptar las nuevas tecnologías a nuestras actividades, sin afectar más la calidad del aire.

Aunque los países en desarrollo comienzan a tomar acciones para preservar el medio ambiente, el nivel de conciencia de sus habitantes presenta décadas de atraso con respecto a la población de los países desarrollados que ya han enfrentado graves problemas de contaminación atmosférica como consecuencia de emisiones sin control alguno en el pasado. Por ejemplo, resulta muy relevante el hecho ocurrido en Londres en diciembre de 1952 en donde se atribuyeron más de 4000 muertes prematuras a causa del indiscriminado uso de carbón como combustible, lo que generó episodios de contaminación severa por partículas en suspensión además de dióxido de azufre. A raíz de hechos como el anterior, se han implementado diversas directivas respecto al uso de combustibles con bajo contenido de azufre y a la mejora de las instalaciones de combustión, lo cual se ha reflejado en una disminución progresiva y drástica de los niveles de contaminación por gases y partículas en el aire, y que es evidente en los países con mayor nivel de desarrollo.

En las últimas décadas, de manera global, se ha observado la tendencia a implementar acciones para disminuir el volumen de emisiones industriales contaminantes, además de la preocupación por alejar los focos de emisiones de los núcleos urbanos; sin embargo, por otra parte se tiene la enorme problemática del incremento continuo del parque vehicular, lo cual se ha convertido en uno de los focos más importantes de contaminación atmosférica.

En conjunto, existe un gran número de contaminantes atmosféricos bajo la forma de gases y partículas en suspensión, en donde resulta sumamente complicado el determinar la enorme diversidad de tipos de partículas en suspensión. La presencia de estos contaminantes a escala local y regional, repercute negativamente en los ecosistemas y en la salud humana; y a escala global, su presencia puede contribuir a la destrucción del ozono troposférico y en consecuencia romperse el equilibrio térmico del planeta o balance radiativo terrestre, y con ello inducir cambios en el clima.

La contaminación por partículas atmosféricas juega un papel crucial en la salud humana y en el cambio climático, y no basta sólo conocer que están presentes en el aire en ciertas cantidades, o determinar la composición del polvo atmosférico por elementos químicos; que es únicamente lo que se ha hecho hasta ahora. Es necesario enfocarnos en determinar su morfología, su naturaleza, sus consecuencias, y sobre todo, la forma de enfrentarlos en el futuro para evitar que puedan dañar más, o incluso exterminar, la vida que ahora conocemos. Existe una cuantiosa variedad de compuestos químicos constituyentes de los cientos o miles de tipos de partículas, de los cuales sólo se conoce una mínima fracción. Las partículas atmosféricas son de origen natural; y también de origen antropogénico *(generadas por el hombre)*, que son derivadas de actividades industriales, quema de combustibles, actividades domésticas y agrícolas, etc.

Es especialmente en las partículas de origen antropogénico, que por su enorme diversidad, existe un gran desconocimiento en cuanto a su composición química y tipos morfológicos, y el llegar a conocer estas características fisicoquímicas individuales de la partículas, podría conducir a identificar las fuentes de su origen, pues estas características están estrechamente relacionadas con actividades antropogénicas. El conocimiento de lo anterior debe llevarnos a establecer estrategias más selectivas para el control de las emisiones de partículas a la atmósfera.

En esta obra se presenta una recopilación de una serie de investigaciones realizadas en la Universidad Autónoma de San Luis Potosí, México, en donde se describen las características individuales de diversos tipos de partículas atmosféricas, pertenecientes a varios sitios que presentan una intensa actividad antropogénica.
Aunque se pretende que esta obra sea de difusión y de consulta, es claro que el trabajo que queda por hacer es enorme, y sobre todo, en el campo de partículas atmosféricas antropogénicas de tamaño ultrafino y con compuestos orgánicos aún por determinarse.

1. Introducción

El contexto de las partículas atmosféricas como contaminantes

Se describen conceptos generales relacionados con las partículas que contaminan la atmósfera, su origen, la preocupación por los efectos que producen, y las acciones implementadas para disminuir los niveles de contaminación.

1.1 ¿Qué es la contaminación atmosférica?

"La contaminación atmosférica es la alteración de la composición natural de la atmósfera a consecuencia de elementos extraños que se pueden presentar como partículas sólidas, líquidas, gases o mezclas de estas formas, ya sea por causas naturales o antropogénicas" (Watkins y col., 2001).

"Se han propuesto muchas definiciones de la contaminación del aire (o contaminación atmosférica). Una de ellas es la presencia en la atmósfera de uno o más contaminantes o sus combinaciones, en cantidades tales y con tal duración que sean o puedan afectar la vida humana, de animales, de plantas, o de la propiedad, que interfiera con el goce de la vida, la propiedad o el ejercicio de las actividades" (Wark y Warner, 2002).

El enfoque de esta obra está orientado a describir los materiales que contaminan el aire bajo la forma de partículas sólidas en suspensión, con fundamento en las investigaciones desarrolladas en la Universidad Autónoma de San Luis Potosí, México.

1.2 La preocupación por la contaminación atmosférica.

Desde tiempos remotos, la humanidad se ha preocupado por la contaminación del aire que respiramos, así como por las molestias y daños que ocasiona a nuestra salud.

Una de las primeras citas sobre el tema corresponde a Maimónides (Moshé Ben Maimón, médico sefardí cordobés, 1135- 1204) quien escribió:

"Comparar el aire de ciudades con el aire de los desiertos y las tierras áridas, es como comparar las aguas podridas y turbias con las limpias y puras. En la ciudad, a causa de la altura de sus edificios, lo angosto de sus calles y de todo lo vertido por sus habitantes (...) el aire se torna estancado, espeso, brumoso y neblinoso. Si el aire se altera ligeramente alguna vez, el estado del espíritu psíquico será alterado perceptiblemente".

Peter Brimblecombe, en el siglo XIV, registró el primer decreto real para reducir el uso del carbón en Inglaterra, porque debido al humo negro emanado por las chimeneas no había buena visibilidad; se multiplicaban los depósitos de hollín sobre las construcciones y abundaban los problemas respiratorios. La decisión tomada fue la correcta, aunque muchas de las afectaciones a la salud pudieron ser causadas también por el dióxido de azufre.

El origen de nuestros problemas modernos de contaminación del aire se remonta a Inglaterra en el siglo XVIII y al nacimiento de la revolución industrial a finales del siglo XIX. La industrialización comenzó a reemplazar las actividades agrícolas y las poblaciones se desplazaron del campo a la ciudad. Las fábricas, para producir, requerían energía, que era generada mediante la quema de combustibles fósiles, tales como el carbón y el petróleo, con la consecuente emisión de gases sulfurosos, humos negros y cenizas, lo cual representó el principal problema de contaminación a inicios del siglo XX. Además, la situación empeoró con el creciente uso del automóvil, ya que las emisiones generadas de los escapes, contienen sustancias nocivas para el ambiente.

En las décadas de los 30 y 40´s en los Estados Unidos de Norteamérica consideraban un signo de prosperidad que las chimeneas emitieran gruesas columnas de humo, a la vez que apenas se tomaba conciencia de la protección al ambiente y empezaba a reglamentarse la emisión de contaminantes a la atmósfera, de acuerdo a simples observaciones visuales del grado de opacidad del aire.

La absorción de la luz fue adoptada en Inglaterra para medir la contaminación por partículas, y en Estados Unidos se manejó un coeficiente de opacidad también en función de la absorción. Sin embargo, esta técnica no contemplaba las partículas que no absorben luz.

En el año de 1952, en Londres, murieron más de cuatro mil personas debido a las concentraciones de humo negro que excedían los 1,600 microgramos por metro cúbico (actualmente regulado a un máximo de 210 $\mu g/m^3$ en México), ocasionado por el uso de carbón como combustible. El episodio de Londres ocurrió en un área densamente poblada, lo que motivó a realizar acciones en el plano político y científico y, como resultado, la contaminación del aire de esa magnitud es cosa del pasado.

Las urbes principales del mundo comenzaban a implementar programas para predecir y detectar los niveles de contaminación y condiciones meteorológicas que podrían combinarse y ocasionar consecuencias trágicas. A pesar de esos programas preventivos, todavía en 1966 ocurrió en Nueva York una inversión térmica de cuatro días que provocó 168 muertes e innumerables enfermedades. El hombre ha aprendido -aunque lentamente- que no existe contaminante del aire que sea inocuo.

Aunque la conciencia de atención a la calidad del aire está presente en las urbes más importantes y desarrolladas del mundo, en la República Mexicana, sólo la Zona Metropolitana del Valle de México ha sido ampliamente estudiada (Raga y col., 2001), incluso a través de importantes proyectos internacionales como la Campaña Milagro (Megacity Initiative: Local And Global Research Observations, 2006-2008); mientras que los programas preventivos apenas han tocado las ciudades de Guadalajara y Monterrey, y muy poco o nada se ha hecho por otras ciudades que presentan una intensa actividad industrial.

Debido a los impactos generados por la contaminación, se han promovido estudios de investigación que sustentaron y dieron lugar a las primeras legislaciones sobre sustancias emitidas a la atmósfera, e incluso fueron motivos que impulsaron el establecimiento de la Agencia de Protección Ambiental (EPA, por sus siglas en inglés), organismo dependiente de la administración de los Estados Unidos de América cuya misión es impulsar acciones contra la degradación ambiental.

En la década de los 60´s se iniciaron las investigaciones sobre los impactos de la contaminación atmosférica y surgieron legislaciones, tal como la Ley Nacional de Política Ambiental (NEPA, por sus siglas en inglés), promulgada por el congreso de Estados Unidos de América. En esta ley se declara una política nacional que pretende alentar la armonía entre el hombre y su entorno, ya que desde aquel entonces se reconocía el profundo impacto que las actividades productivas del hombre estaban generando en el ambiente. Como resultado de la difusión internacional de la gran problemática ambiental, las agencias gubernamentales comenzaron a implementar programas globales contra la contaminación atmosférica y aparecen los primeros reportes de calidad ambiental. En México, en 1971, se aprobó la Ley para Prevenir y Controlar la Contaminación Ambiental y para finales de los 80's el gobierno emprendió acciones para comenzar a disminuir los niveles de emisiones contaminantes (uso de gas natural en la industria, reducción del plomo en gasolinas, programa "hoy no circula", verificación vehicular, entre otros) (Raga y col., 2001).

Gracias al interés de la comunidad internacional surgieron programas dedicados al tema de la contaminación del aire, mismos que con el paso de los años se han renovado y se han implementado estrategias específicas con el fin de asegurar el bienestar de la población. Algunos ejemplos son:

Convenio de Viena para la Protección de la Capa de Ozono en 1985 (PNUMA, 2004).

Protocolo de Montreal relativo a las sustancias que agotan la capa de ozono, 1987 (PNUMA, 2004).

La Organización Mundial de la Salud (OMS), durante la década de los 90´s, organizó el Sistema de Información sobre la Gestión de la Calidad del Aire (AMIS, por sus siglas en inglés) que tiene presencia a nivel mundial. Actualmente, el AMIS brinda la información global requerida para el manejo racional de la calidad del aire, que incluye el monitoreo de la concentración de contaminantes del aire, desarrollo de instrumentos para elaborar inventarios de emisiones y modelos de calidad del aire, estimación de los efectos sobre la salud pública a través de estudios epidemiológicos y la propuesta de planes de acción detallados para mejorar la calidad del aire.

Agenda 21 de la Conferencia de las Naciones Unidas sobre Medio Ambiente y Desarrollo, 1992. Su principal meta fue la protección de la atmósfera como una labor amplia y multidimensional en la que intervienen varios sectores de la actividad económica. Se hicieron recomendaciones a los gobiernos y demás entidades que se esfuerzan por proteger la atmósfera (IMAC, 2003).

Cumbre de las Américas, 1994. Convenciones que definen la agenda de países Americanos para construir un proyecto regional basado en acciones multilaterales enfocadas a resolver problemas de gran variedad entre los que figura el tema de la contaminación atmosférica (Cumbre de las Américas, 2006).

Convenio de Estocolmo sobre Contaminantes Orgánicos Persistentes (COP's), 2001 (COFEPRIS, 2003).

Sin embargo, a pesar de los grandes esfuerzos llevados a cabo para controlar la contaminación atmosférica, ésta sigue siendo un importante motivo de preocupación ambiental en el mundo, debido a que el desarrollo industrial y el crecimiento de las ciudades han traído como consecuencia el aumento de la contaminación del aire. Es por esto que los estudios de investigación aplicada resultan cada vez más indispensables para apoyar las políticas sectoriales que reviertan y prevengan la contaminación del ambiente y que permitan el desarrollo de instrumentos normativos sustentados en aspectos científicos.

1.3 Alcance geográfico de la contaminación atmosférica.

El alcance de la contaminación atmosférica por gases y partículas se puede clasificar en cinco escalas que van desde una escala local hasta una escala global (Boubel y col., 1994 y EPA, 1995b), de acuerdo a la distancia en que tiene influencia un problema de contaminación del aire; la tabla siguiente lo esquematiza:

ESCALAS DE LA CONTAMINACIÓN ATMOSFÉRICA (TOMADO Y MODIFICADO DE BOUBEL Y COL., 1994)

Escala	Dimensión	Ejemplo
Local	Cerca de 5 km	Contaminación de vehículos automotores, emisiones de pequeñas industrias, etc.
Urbana	De 5 a 50 km	Emisiones de grandes industrias y formación de nuevas partículas atmosféricas.
Regional	De 50 a 500 km	Efectos de la lluvia ácida generada por la contaminación.
Continental	De 500 hasta varios miles de km	Se extiende a los efectos que produce la contaminación de un país sobre otro.
Global	A nivel mundial	Cambio climático global por efecto de la contaminación, efectos de emisiones de material radioactivo.

1.4 Las partículas que contaminan el aire.

Es bien conocido que entre los contaminantes gaseosos de la atmósfera, destacan el dióxido de carbono, monóxido de carbono, dióxido de azufre, óxidos de nitrógeno, amoníaco y ácido sulfhídrico; sin embargo resulta más complicado identificar la enorme diversidad de partículas sólidas, que por su tamaño tienden a permanecer suspendidas en el aire.

Simplemente, dentro del material que conforma las partículas atmosféricas derivadas de la actividad humana, se incluye material sólido o líquido finamente fraccionado que comprende metales, compuestos inorgánicos, y una gran cantidad de compuestos orgánicos; estas partículas se emiten directamente a la atmósfera a partir de fuentes contaminantes; además, una importante proporción de estas partículas sufren transformaciones en la atmósfera.

Las partículas que se emiten directamente a la atmósfera, ya sea por fuentes naturales o antropogénicas, corresponden a partículas primarias; por otra parte, aquellas que se forman como resultado de la condensación de vapores o por reacciones fotoquímicas que sufren los contaminantes primarios (interacción gases-vapores-partículas), corresponden a partículas secundarias (Krueger y col., 2003; Samara y col., 2003).

Además, también existen los aerosoles naturales y antropogénicos, que son un conjunto de partículas sólidas y líquidas presentes en el aire y que pueden permanecer durante varias horas o más (Pyle y col., 2005).

1.5 El origen de las partículas atmosféricas.

Las partículas atmosféricas pueden ser de origen natural o de origen antropogénico (derivadas de la acción humana), y su proporción relativa en el aire dependerá del tipo de fuentes emisoras que existan en una región determinada.

Las partículas de origen natural son aquellas que provienen de fenómenos naturales como la erosión del suelo, transporte de la sal marina, erupciones volcánicas, incendios forestales, emisiones de material biológico fraccionado (polen, restos de insectos, plantas, animales o de piel humana). Los aerosoles orgánicos se forman a partir de compuestos orgánicos volátiles procedentes de los seres vivos (Harrison y Pio, 1983; Andreae y col., 1986 y Millan y col., 1997); los bosques emiten grandes cantidades de hidrocarburos complejos procedentes de robles, álamos y coníferas.

Las partículas de origen antropogénico se generan como resultado de la actividad del hombre; entre éstas se encuentran la quema de combustibles fósiles, quemas en campos agrícolas, procesos industriales, actividad minero-metalúrgica, emisiones domésticas, procesos de combustión, etc. Generalmente estas partículas son las que inciden más negativamente sobre la calidad de aire y traen como consecuencia distintas repercusiones en la atmósfera.

Mientras algunos elementos traza presentes en las partículas son originados por emisiones naturales (erupciones volcánicas, tormentas de polvo, alteración de rocas y suelos y fuegos forestales), muchos otros tienen origen antropogénico. Por ejemplo el vanadio, cobalto, molibdeno, níquel, antimonio, cromo, hierro, manganeso y estaño, son emitidos durante la combustión de hidrocarburos (Pacyna, 1984; Lin y col., 2005); y el arsénico, plomo, cobre, manganeso y zinc, por industrias metalúrgicas (Pacyna, 1984, 1986; Querol y col., 2002; Alastuey y col. 2006).

La contaminación originada por el tránsito vehicular incluye un amplio espectro de emisiones de elementos metálicos como el hierro, bario, plomo, cobre, zinc y cadmio (Pacyna, 1984 y 1986; Birmili y col., 2006).

1.6 Tipos de partículas en función de las características de una región.

El tipo de partículas atmosféricas predominantes en una zona dependerá de las características y actividades desarrolladas en la región, y de acuerdo a esto, se pueden distinguir zonas rurales, semirurales, costeras, urbanas e industriales.

En estudios de caracterización de polvos atmosféricos se han hecho distinciones entre diferentes tipos de componentes, empleando principalmente análisis estadísticos realizados a partir de datos de composición química de los polvos atmosféricos. Por ejemplo, se han distinguido entre partículas de polvo terrestre natural de las zonas rurales (Gillette y col., 1975), de zonas semirurales (Ronneau y col., 1978), de zonas costeras (Chester y col., 1970), partículas de polvo de zonas urbanas (Linton y col., 1980), de emisiones vehiculares (Post y col., 1985); así como partículas de carbón mineral y cenizas industriales (Fisher y col., 1979), además de emisiones de materiales no ferrosos en zonas industriales (Van Borm y Adams., 1987a).

En las zonas rurales predominarán partículas constituidas por compuestos naturales de la corteza terrestre, donde están presentes elementos como silicio, aluminio, hierro, calcio, titanio y/o magnesio; bajo la forma de minerales como arcillas, feldespatos y cuarzo. En una zona semirural aparecerán también partículas generadas por actividades agrícolas, por uso de fertilizantes o quema de caña (zafra).
Sumado a las anteriores zonas, si la región es también boscosa, se incrementará la presencia de partículas de polen, esporas, fragmentos de insectos y de plantas; así como las generadas por incendios forestales naturales o intencionados.

En el ambiente de una zona costera es de esperarse que en el aire estén presentes partículas de sal marina como el cloruro de sodio y otras sales naturales; además, si existiese actividad antropogénica, se generarán partículas secundarias por la reacción entre emisiones primarias antropogénicas con las partículas naturales y humedad del ambiente marino.

En las zonas urbanas, los tipos de partículas atmosféricas pueden ser sumamente diversos, pues además del material natural suspendido que llega a representar de 15 a 50% del total de las partículas (Noll y col., 1990), el tránsito vehicular puede ser la principal fuente de emisión de partículas que son generadas por la quema de combustibles utilizados para este fin; además, las emisiones vehiculares incluyen partículas desprendidas de los motores, del desgaste de frenos, ruedas y firme de rodadura, así como determinados metales relacionados con el desgaste mecánico; todas estas emisiones se producen a gran proximidad de la población y de forma muy dispersa. Una urbe también se ve afectada por emisiones residenciales, las actividades como la construcción y demolición, así como las posibles emisiones industriales o de generación eléctrica. En conjunto, todas estas emisiones establecen el grado de contaminación atmosférica en una zona urbana.

1.7 Tipos de fuentes emisoras de partículas contaminantes.

Para establecer un reconocimiento más claro de las características de las fuentes emisoras, en cuanto a la distribución de contaminantes y movilidad de esas fuentes en una determinada región, de acuerdo a la Ley General de Equilibrio Ecológico y Protección al Ambiente (LGEEPA, 2006), se ha hecho la distinción entre Fuentes Fijas y Fuentes Móviles:

Fuentes Fijas

Las fuentes fijas son aquellas que se localizan en una zona específica y no presentan movilidad en su ubicación. Las fuentes fijas se subdividen en fuentes puntuales, de área y naturales.

Las fuentes puntuales corresponden a cualquier instalación emplazada en un solo sitio con el propósito de ejecutar operaciones o procesos industriales, comerciales o de servicios, o actividades que generen o puedan generar emisiones contaminantes a la atmósfera. Algunos ejemplos son las grandes industrias químicas, farmacéuticas, vidrieras, cementeras, papeleras, plantas generadoras de energía, etc.

En el caso de las fuentes de área, son emisiones que no se localizan en un punto específico y pueden abarcar una amplia distribución. Dentro de estas emisiones se encuentran las originadas en los caminos pavimentados y no pavimentados, por combustión doméstica, quema agrícola, rellenos sanitarios e incendios forestales.

Para las fuentes naturales, se consideran las emisiones producidas por volcanes, incendios forestales, océanos y por re-suspensión del polvo a partir de suelos.

Fuentes Móviles

Se denominan fuentes móviles de contaminación aquellos procesos emisores que se desplazan y no permanecen en un mismo punto, expulsando agentes contaminantes que afectan siempre la misma área. La definición de fuente móvil incluye prácticamente las emisiones de todos los vehículos automotores como los automóviles, camiones, motocicletas, tractocamiones, ferrocarriles, aviones y helicópteros.

1.8 El tamaño de las partículas atmosféricas.

El tamaño de las partículas varía normalmente de 0.005 a 500 micrómetros (un micrómetro ó 1µm, equivale a la millonésima parte de un metro). Para tener una mejor idea de su tamaño, se puede mencionar que el diámetro de un cabello humano es de 50 µm. Se denominan partículas finas a las que tienen "diámetros" menores de 2.5 µm, y gruesas a aquellas con "diámetros" mayores de 2.5 µm. Las partículas finas menores de 1 µm se difunden o desplazan como si fueran moléculas de gases. Las partículas finas tienen velocidades de sedimentación muy bajas y por ello, pueden recorrer grandes distancias antes de sedimentarse; por ejemplo, se ha demostrado que partículas finas del desierto del Sahara son transportadas hasta la República Dominicana.

El tamaño de una partícula puede determinarse por diversas técnicas incluyendo microscopía electrónica, movilidad eléctrica o por su comportamiento aerodinámico. Tradicionalmente se ha manejado el término "diámetro" para establecer la magnitud del tamaño de una partícula, suponiendo que la partícula es esférica. Sin embargo, la mayor parte de las partículas no presentan formas esféricas; por esta razón se estableció el término diámetro aerodinámico equivalente, el cual es el diámetro de una esfera que presenta el mismo comportamiento aerodinámico que otra partícula, independientemente de su forma; nótese que el término no se refiere a que literalmente se esté "viendo" la partícula a un tamaño específico. Dependiendo del tipo de proceso que domine el comportamiento de una partícula, para las partículas finas, la difusión es el proceso dominante y generalmente se usa el término "diámetro de Stokes"; y para las partículas gruesas, la acción gravitacional es el proceso dominante (EPA,2006b). El diámetro de Stokes describe el tamaño de partícula considerando la fuerza de arrastre impartida sobre ésta cuando la velocidad difiere de la del fluido que la rodea. Para una partícula esférica, el diámetro de Stokes representa el diámetro físico de la partícula; para partículas irregulares, el diámetro de Stokes es el diámetro de una esfera equivalente que presente la misma resistencia aerodinámica que la partícula irregular en cuestión y es independiente de la densidad.

El diámetro aerodinámico equivalente depende de la densidad de la partícula, y éste se define como el diámetro de una partícula esférica de densidad 1 g/cm^3 que presente la misma velocidad de sedimentación que la partícula irregular en cuestión. En general, el diámetro aerodinámico equivalente se utiliza para tamaños de partícula mayores a 0.5 µm.

Los equipos diseñados para el monitoreo de partículas atmosféricas, pueden recolectar partículas de tamaños que varian desde 0.3 hasta 100 µm (Harrison y Yin, 2000), y el término que se maneja es el de Partículas Suspendidas Totales (PST ó TPS). Los equipos más recientes se han diseñado especialmente para separar partículas menores a 10 µm basándose en el diámetro aerodinámico equivalente.

El tamaño de partícula definido por su diámetro aerodinámico equivalente o de Stokes, ha sido un factor importante en la determinación de las propiedades, efectos y destino en la atmósfera, de una partícula. La tasa de deposición de las partículas, el tiempo de residencia en la atmósfera, así como la deposición de éstas en el sistema respiratorio, son funciones dependientes del diámetro aerodinámico equivalente y de Stokes (EPA, 2004).

De acuerdo al tamaño las partículas pueden ser sedimentables, es decir, que precipitan con facilidad (mayores a 10 µm); o no sedimentables (menores a 10 µm).

Las partículas primarias de origen natural se encuentran comprendidas mayoritariamente en el intervalo de 5 a 25 µm.

Los aerosoles generalmente presentan un tamaño comprendido entre 0.01 y 10 µm. Las sales procedentes del aerosol marino se encuentran entre 1 y 5 µm (Querol y col., 2001).

Por lo general los aerosoles secundarios inorgánicos se encuentran en la fracción menor de 0.5 µm para el sulfato y de 5 µm para el nitrato (Querol y col., 2001).

1.9 Forma y composición química de las partículas atmosféricas.

Tradicionalmente, las partículas atmosféricas se han tratado y definido mayormente en función del tamaño de partícula, y son una minoría los estudios que identifican diversos tipos de partículas; y menos aún, los que identifican los tipos de partículas en función de sus características individuales en conjunto, es decir, "tamaño-morfología-composición química".

La composición química de las partículas, como se mencionó anteriormente, depende del origen de las mismas y de sus mecanismos de formación; así como también la forma de las partículas como se describirá mas adelante.

En general, en la actualidad existe un gran desconocimiento cuando se trata de ver en conjunto las características individuales de la enorme diversidad de tipos de partículas atmosféricas, mismas que guardan una estrecha relación con los mecanismos de formación que las originaron.

En capítulos posteriores se describirá la relación de las características individuales de las partículas atmosféricas con el origen de las mismas, bajo el punto de vista de sus características microscópicas, dado que es éste el propósito fundamental de esta obra.

1.10 Estado actual de la clasificación de las partículas atmosféricas.

De manera general ya se mencionó que las partículas atmosféricas se pueden clasificar en dos grupos de acuerdo a su origen: las de origen terrestre natural (que generalmente contienen silicio, aluminio, calcio, hierro, oxígeno), y las de origen antropogénico o resultado de alguna actividad del hombre (que contienen generalmente metales pesados como plomo, cadmio, cobre, níquel, zinc y manganeso). Dentro de estos grupos, se encuentra también la presencia de materia orgánica, aunque ésta es principalmente de origen terrestre, tal como polen, esporas, partes de insectos y de plantas.

También se mencionó anteriormente que las partículas que se emiten directamente a la atmósfera, ya sea por fuentes naturales o antropogénicas, corresponden a partículas primarias; pero si las partículas se forman en la atmósfera, entonces se trata de partículas secundarias.

La Agencia de Protección Ambiental (2006) ha clasificado las partículas y aerosoles contaminantes de la atmósfera, de acuerdo a su composición general-origen, morfología y tamaño; a saber:

Composición y origen

Partículas sólidas: naturales, orgánicas, inorgánicas, metálicas, no metálicas y minerales.
Aerosoles: marinos, terrestres e industriales
En ambos casos se considera indistintamente que las partículas pueden ser primarias o secundarias.

Morfología

Formas: Esfera sólida, esfera hueca, sólido irregular, hojuela, fibra, flóculos condensados, y agregados.

Tamaño

Se ha establecido una clasificación de las partículas atmosféricas de acuerdo al diámetro aerodinámico equivalente (Da), denominando los tamaños bajo la notación PM10, PM2.5 y PM0.1 que corresponden a diámetros aerodinámicos equivalentes menores de 10 μm, menores de 2.5 μm y menores a 0.1 μm, respectivamente; PM corresponde a las siglas en inglés de "Particulate Matter" ("Material Particulado"). Bajo esta terminología, las partículas atmosféricas se han clasificado como extragruesas, gruesas, finas y ultrafinas, como se indica a continuación:

TIPOS DE AEROPARTÍCULAS EN FUNCIÓN DE SU TAMAÑO (EPA, 2006A)

DESCRIPCIÓN	TAMAÑO DE PARTÍCULA (Da)
Extra-gruesas o sedimentales	$Da > 10 \mu m$
Gruesas (PM2.5-10)	$2.5 \mu m < Da \leq 10 \mu m$
Finas (PM 0.1-2.5)	$0.1 \mu m < Da \leq 2.5 \mu m$
Ultra-finas (PM0.1)	$Da \leq 0.1 \mu m$

Esta clasificación de acuerdo al tamaño en función del diámetro equivalente, obedece a la capacidad de ingreso al sistema respiratorio humano, ya que entre más finas sean las partículas, el grado de nocividad puede ser mayor.

Como se observa, la clasificación actual es demasiado general, lo cual denota que los esfuerzos en investigaciones realizadas hasta la fecha, todavía no aportan elementos suficientes para emitir una clasificación más específica y completa, que considere en conjunto "tamaño-morfología-composición química". Lo anterior se debe principalmente a que las investigaciones mayormente se han enfocado a estudiar y analizar los polvos atmosféricos de manera global mas no como partículas individuales, y que literalmente es necesario "ver" cómo son y de qué están compuestas las partículas atmosféricas, y sobre todo las de tipo antropogénico que es en donde existe mayor desconocimiento.

1.11 Incidencia de las partículas atmosféricas en la salud humana.

Los efectos de las partículas atmosféricas en la salud humana, se han descrito mayormente en función de su tamaño, ya que su capacidad de ingreso será mayor a medida que el tamaño sea más fino.

El sistema respiratorio tiene varios mecanismos para expulsar las partículas que se encuentran suspendidas en el aire que inhalamos, pero la eficiencia de eliminación depende del tamaño de las partículas. A través de estos mecanismos se eliminan cerca del 99% de las partículas que tienen diámetros aerodinámicos mayores de 10 μm, llamadas "partículas extra gruesas". Las partículas de tamaños entre 10 y 2.5 μm, denominadas "gruesas", se adhieren a la membrana mucosa y se eliminan en la parte baja del tracto respiratorio; por esta razón, se les conoce como inhalables (deposición extra-toráxica). Las partículas entre 2.5 y 0.1 μm, o "finas", penetran fácilmente a los pulmones (deposición bronquial), por lo que se les denomina respirables. Las partículas más pequeñas corresponden a las "ultrafinas", las cuales son menores de 0.1 μm, y por tanto, tienen mayor capacidad de ingreso (deposición alveolar), incluso pueden infiltrarse hasta el torrente sanguíneo.

A continuación se ilustra el nivel de ingreso al sistema respiratorio humano de las partículas atmosféricas en función del tamaño:

NIVEL DE INGRESO DE PARTÍCULAS AL SISTEMA RESPIRATORIO HUMANO EN FUNCIÓN DEL TAMAÑO (EPA, 2004).

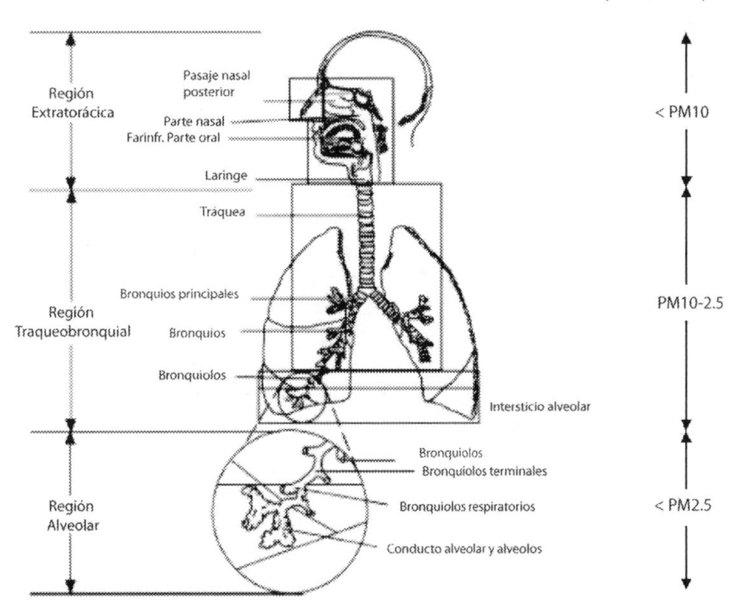

Diversos estudios epidemiológicos y toxicológicos revelan claras conexiones entre niveles de polución atmosférica e ingresos en hospitales y número de muertes en pacientes, mostrando cómo los niveles elevados de partículas suspendidas en el aire que respiramos, provocan problemas cardio-respiratorios, especialmente en niños, ancianos y personas sensibles por padecimientos (POST, 1996; Dockery y Pope, 1996; Guio y Devlin 2001; Simpson y col., 2005). Dichos problemas de salud incluyen arritmias, reducción en la capacidad pulmonar, asma, bronquitis crónica, sinusitis, tos, alergias e hipertensión arterial.

Es un caso muy preocupante de salud pública el de la ciudad de Manila, en Filipinas, en que el uso de miles de motocicletas como vehículo casi exclusivo de transporte particular, público y de carga, han envenenado de tal manera la atmósfera, que diariamente una buena parte de la población requiere ser atendida por problemas respiratorios y de la vista; aquí se incluyen niños, jóvenes y adultos.La razón de este incremento de la contaminación por gases y partículas se explica porque las motocicletas usan motores de dos tiempos, que invariablemente van a estar arrojando humo por el escape, ya que dicho tipo de motores tienen esa característica.

Es importante considerar que estas afecciones en la salud no sólo dependen de la cantidad de material inhalado, sino también de la composición de las partículas atmosféricas (Adamson y col., 1999, 2000; Dye y col., 2001; Ghio y Devlin, 2001; Moreno y col., 2004). Por ejemplo, la presencia de pequeñas cantidades de elementos altamente tóxicos como el cadmio (Nawrot y col., 2006), y especialmente si son solubles (Fernández Espinoza y col., 2002; Birmili y col., 2006), son muy reactivos cuando ingresan al organismo, es decir, son altamente biodisponibles una vez que son inhalados. Además, muchos de estos elementos traza aparecen en la fracción ultrafina (Milford y Davidson, 1987), siendo capaces de alcanzar las regiones alveolares en los pulmones (Schaumann y col., 2004), para luego ingresar al torrente sanguíneo y ocasionar alguno de los padecimientos ya mencionados, y que pueden ser muy graves.

Sin embargo, a la fecha existe gran desconocimiento y controversia sobre qué característica físico/química/morfológica provoca que unas partículas sean más reactivas y biodisponibles que otras, por lo cual es necesario profundizar a través de investigaciones científicas que revelen estas características, para poder establecer el nivel de toxicidad de los diversos tipos de partículas atmosféricas.

1.12 Niveles permisibles actuales de las partículas atmosféricas.

Cuando se comenzó a medir niveles de partículas atmosféricas, lo que se medía únicamente era la concentración del polvo atmosférico como partículas suspendidas totales (PST), todavía bajo un gran desconocimiento del potencial daño a la salud que representan las partículas más finas, y que más adelante se les pondría especial atención. Posteriormente aparecieron equipos más especializados que podían clasificar partículas finas en función del diámetro aerodinámico; entonces varios países comenzaron a considerar en sus normas partículas PM10 (menores de 10 µm); esto sucedió durante la segunda mitad de la década de los 80's ; más tarde, a mediados de la década de los 90´s, se comenzó a considerar también partículas PM2.5 (menores de 2.5 µm).

Normas mexicanas

Actualmente en México existen las Normas Oficiales Mexicanas (NOM), en las cuales se establecen los límites permisibles de los contaminantes, así como los procedimientos a emplearse en la medición de los niveles de contaminación.

Las normas que regulan las concentraciones de partículas suspendidas en el aire, como medida de protección a la salud de la población en México (SE, 2005), corresponden a la norma NOM-035-ECOL-1993 en donde se establecen los métodos de medición para determinar la concentración de las partículas suspendidas totales en el aire ambiente, y los criterios de evaluación están señalados en la NOM-024-SSA1-1993. La norma NOM-025-SSA1-1993 de salud ambiental, establece los criterios para evaluar el valor límite permisible para la concentración de las partículas, y en esta norma, se fija el valor límite permisible en microgramos de partículas por metro cúbico de aire ($\mu g/m^3$) para la concentración de PST, PM10 y PM2.5. Los valores reglamentados para los niveles máximos permisibles son los siguientes:

CONCENTRACIÓN PERMISIBLE DE PARTÍCULAS ATMOSFÉRICAS ESTABLECIDAS POR LA NORMA OFICIAL MEXICANA NOM-025-SSA1-1993

NORMATIVA	2006 - 2010		
Parámetro	PST	PM10	PM2.5
Valor límite anual ($\mu g/m^3$)	----	50	15
Valor límite diario ($\mu g/m^3$)	210	120	65

Antes del año 2006 no existía ninguna regulación para el caso de las partículas PM2.5, para lo cual se consideraron los límites en referencia establecidos en las normas de calidad de aire en los Estados Unidos de Norteamérica.

En la República Mexicana, el único elemento bajo norma es el plomo en la NOM-026-SSA1-1993, en donde se establece como valor límite 1.5 $\mu g/m^3$ como promedio en un periodo de tres meses.

Normas internacionales

Los límites permisibles establecidos en las normas europeas son más estrictos que los establecidos en México. La Directiva Marco de Calidad del Aire 1996/62/CE establece un marco legal bajo el cual la Unión Europea fija valores límite o valores objetivo para las concentraciones de determinados contaminantes atmosféricos en el aire, subdividiéndose en otras directivas. Dentro de la Directiva 1999/30/CE vigente desde julio de 1999, la Norma EN12341 establece la metodología para la evaluación de las concentraciones de PM10 mediante un método de referencia para muestreo y medida. El artículo 12 de la Directiva 96/62/CE, presentará directrices para un método de referencia adecuado para el muestreo y análisis de PM2.5.

La Comisión Europea (European estandar, 1998 y CE, 2004 y borrador de la directiva de calidad del aire y aire limpio para Europa de septiembre de 2005) considera la adopción de valores límite de concentración basados en medidas de PM2.5; se ha propuesto un valor objetivo anual de 25 μg/m^3, el cual se convertirá en valor límite en 2015, que no puede ser superado en ningún emplazamiento de medida de la UE, a partir del 1 de Julio de 2010.

La Unión Europea ha establecido un límite anual en nanogramos por metro cúbico para elementos pesados como el plomo (500 ng/m^3), (1999/30/CE); así como valores objetivo para el arsénico (6 ng/m^3), el níquel (20 ng/m^3) y el cadmio (5 ng/m^3), (2004/107/CE).

2. Antecedentes

Evolución y desarrollo de la investigación sobre partículas atmosféricas.

Se describe la evolución de las investigaciones que se han realizado desde el estudio de polvos atmosféricos, hasta el estudio de las características individuales de las partículas.

Se describen de manera comparativa los alcances que han tenido las técnicas de análisis de los polvos atmosféricos contra el análisis individual de partículas atmosféricas.

Se destaca la importancia de conocer las características individuales de las partículas mediante técnicas de microscopía electrónica.

2.1 La medición de niveles de contaminación a causa del polvo atmosférico.

Cuando se comenzaron a estudiar las características del polvo atmosférico bajo la consideración de ser un contaminante potencial (mediados de la década de los 70´s), la gran mayoría de las investigaciones se enfocaban a determinar primero las características físicas del polvo atmosférico; para luego en la década de los 80´s, iniciar con la determinación de la concentración de las diferentes especies componentes del polvo atmosférico, a través de diversas técnicas analíticas. Poco a poco surgían nuevas técnicas de estudio que se hacían disponibles conforme evolucionaba la investigación y el desarrollo de la tecnología, y prácticamente todas las investigaciones comenzaban a dirigirse al estudio de polvos atmosféricos de grandes urbes, en donde los habitantes han estado más expuestos a los contaminantes.

De acuerdo a la información derivada de las investigaciones realizadas para cuantificar eficientemente los niveles de contaminantes, en los países más desarrollados se comenzaron a implementar medidas de control cuyo fin ha sido el disminuir los niveles de concentración de sustancias potencialmente tóxicas, y de esta manera mejorar la calidad del aire.

Las técnicas de análisis para cuantificar los niveles de concentración de los elementos y compuestos constituyentes del polvo atmosférico, han sido tradicionalmente 3; a saber: la espectrometría de absorción atómica, la fluorescencia de rayos X, y la difracción de rayos X, aunque existen otras más.

Por ejemplo, mediante técnicas como la Espectrometría de fluorescencia de rayos X (Galloo y col., 1989) y la Fluorescencia de rayos X por reflexión total (Schneider, 1989), se abría la posibilidad de detectar cantidades inferiores a un nanogramo por metro cúbico (1 ng/m^3) en 500 litros de aire.

En otros estudios de composición química realizados también por la técnica de Espectrometría de fluorescencia de rayos X (Karue y col., 1992), se determinó la concentración por unidad de volumen y la composición global de polvos atmosféricos, y además, se demostró que en ciudades que poseen una intensa actividad industrial y tránsito vehicular, existe una mayor concentración de partículas suspendidas en el aire; que son sitios en donde normalmente se sobrepasan los límites permisibles de contaminación. Otro estudio que utilizó la técnica analítica de Absorción atómica, demostró que los niveles de contaminación para una zona altamente industrializada, pueden variar notablemente con los cambios de dirección de los vientos de acuerdo a las estaciones del año (Pastuszka y col., 1992).

Posteriormente las investigaciones abarcaron el estudio de metales pesados como el plomo. Los métodos analíticos evolucionaban en técnicas más sensibles para detectar y cuantificar contenidos metálicos en cantidades traza en los polvos atmosféricos.

Una de estas técnicas sensibles es la Emisión de rayos X inducida por protones, que se ha aplicado en el análisis de polvos atmosféricos de la Ciudad de México; con esta técnica, se han logrado obtener resultados consistentes y confiables de las concentraciones de plomo presentes en el polvo atmosférico (Aldape y col., 1993).

La medición de índices de contaminación de metales pesados en el aire es una etapa fundamental que aporta información acerca de la calidad del aire que respiramos; sin embargo, en el aire existe una enorme diversidad de compuestos químicos que conforman la cuantiosa gama de tipos de partículas.

Es claro que todas estas técnicas mencionadas líneas arriba, poseen grandes ventajas cuando se trata de analizar de manera global los polvos atmosféricos para obtener de manera muy confiable las concentraciones de metales pesados y otros componentes; sin embargo, las mismas tienen limitantes cuando se trata de determinar la extensa gama de compuestos químicos que conforman el polvo atmosférico, ya que para esto sería necesario identificar a cada uno de los numerosísimos tipos de partículas; dicho de otra manera, estas técnicas no son apropiadas para analizar y estudiar en conjunto las características fisicoquímicas individuales de las partículas, las cuales guardan una estrecha relación con el grado de nocividad de las mismas.

2.2 La importancia de la investigación en la caracterización individual de partículas atmosféricas.

Los primeros estudios de caracterización individual de partículas atmosféricas comenzaron a desarrollarse hacia fines de la década de los 80's; se empleaban por primera vez microsondas basadas en la técnica de fluorescencia de rayos X, para obtener la composición de los elementos químicos que constituyen a las partículas (Bernard y Van Grieken, 1986). Las zonas urbanas serían los focos de atención de los estudios que se hacían presentes en ciudades como Phoenix, EUA (Post y Buseck, 1985), en Amberes, Bélgica (Van Borm y Adams, 1987b, 1989), y en Santiago, Chile (Rojas y col., 1990).

En 1989 Van Borm y Adams caracterizaron mezclas complejas de polvo de varias fuentes naturales y antropogénicas, en base a la distribución de elementos traza específicos, logrando distinguir entre partículas de sal marina (con sodio, cloro, yodo), polvo terrestre (con aluminio, silicio, oxígeno), partículas originadas de la combustión de compuestos líquidos (con potasio, vanadio, yodo, sulfato), las originadas por la combustión de carbón (con aluminio, cesio, lantano, cerio, torio, sulfato), partículas producidas por industrias de materiales no ferrosos (cobre, zinc, arsénico, selenio, cadmio, indio, antimonio, plomo, sulfato), partículas generadas por emisiones vehiculares (con bromo y plomo), y otras emisiones de origen indeterminado. Posteriormente, complementaban estos resultados a través de la técnica de Fluorescencia de rayos X por energía dispersa, con la cual obtuvieron la caracterización individual de partículas atmosféricas para efectuar la clasificación de las mismas de acuerdo a su composición.

Se comenzaba a vislumbrar entonces la necesidad de conocer no solamente la composición individual de las partículas atmosféricas; pues se requeriría el determinar en conjunto las características fisicoquímicas individuales de las partículas atmosféricas, es decir, morfología-tamaño-composición química como un todo; tan sólo la morfología puede ser una gran fuente de información para revelar las condiciones del complejo proceso de formación de una partícula, lo cual podría conllevar a establecer su posible procedencia. Sólo de esta manera se podrían obtener clasificaciones más completas de los numerosos tipos de partículas y establecer la relación con las fuentes que las originaron.

Durante la década de los 90´s, comienzan a emplearse técnicas de Microscopía electrónica de barrido y de transmisión, con sistemas acoplados para realizar microanálisis por la técnica de fluorescencia de rayos X ya mencionada. Mediante estas técnicas en conjunto, se amplía la gama de información generada, ya que se obtiene al mismo tiempo la morfología, tamaño y composición química de cada partícula analizada, y además la estructura cristalina.

De manera general, en la actualidad apenas comienza a generarse información en lo que se refiere al conocimiento de las características fisicoquímicas individuales de las partículas atmosféricas (Teri y Ronald, 2001, 2004), además de que esta información se encuentra todavía dispersa.

Conocer las características individuales de las partículas atmosféricas, como son la morfología, el tamaño y la composición química, puede contribuir a definir la naturaleza de las mismas, es decir, si provienen de fuentes emisoras antropogénicas, o simplemente si se trata de partículas con elementos que se encuentran en la corteza terrestre de forma natural.

A través de técnicas de microscopía electrónica, es posible comparar de manera directa las partículas minerales y terrestres de origen natural con aquellas de origen antropogénico, y establecer diferencias basándose en su composición y estructura individual, lo cual no es posible o es difícilmente realizable por otros métodos analíticos (Aragón, 1999; Aragón y col., 2000).

Los resultados más sobresalientes de la aplicación de estas técnicas al estudio de partículas atmosféricas, aparecen principalmente en países como EUA (Anderson y col., 1995) y México (Aragón y col., 2002, 2006), cuya información obtenida corresponde respectivamente a las ciudades de Phoenix, Arizona, EUA, y San Luis Potosí, México. Las investigaciones realizadas en la República Mexicana se han desarrollado en la Universidad Autónoma de San Luis Potosí, y en esta misma institución las investigaciones se han extendido a estudiar partículas atmosféricas de la Zona Metropolitana del Valle de México, de las ciudades de Querétaro y Colima, todas dentro del período 2006-2009; y actualmente se continúa también con investigaciones en la ciudad de Zacatecas, México, y en la ciudad de Barcelona, en España. Las publicaciones científicas resultantes han demostrado lo valioso de la información que se obtiene a través de las técnicas de microscopía electrónica, por lo que su utilización se ha ido extendiendo en otros países como Australia y España (Querol y col., 2002), lo que está permitiendo obtener cada vez mayor y mejor información, que indudablemente ayudará a clasificar de manera más eficaz los innumerables tipos de partículas, y con esto establecer su posible procedencia.

2.3 El futuro, el enfoque necesario de las próximas investigaciones.

Existe un creciente interés de contar con un respaldo científico que permita identificar las principales fuentes emisoras de contaminantes. El conocimiento de las características individuales fisicoquímicas de las partículas, será de gran interés para tomar acciones más selectivas en el control de las emisiones de partículas. Este respaldo será también plataforma para abordar otras investigaciones encaminadas a definir el posible impacto toxicológico de cada tipo de partícula.

En trabajos de investigación epidemiológica se ha observado una estrecha relación entre los efectos a la salud de la población y la cantidad de partículas suspendidas en el aire (Pope y col., 2002; Oberdörster y col., 2000; Loomis y col., 1999), por lo que la comunidad científica ha intensificado la búsqueda de nuevas técnicas que proporcionen información más detallada de la composición del polvo atmosférico. Actualmente poco se sabe sobre la especiación o composición química, morfología y distribución de tamaño de las partículas suspendidas; parámetros que juegan un papel importante en el desarrollo de efectos adversos a la salud y al medio ambiente, ya que determinan aspectos como su solubilidad, nivel de penetración al organismo, tiempo de residencia y reactividad, entre otros. Por ejemplo, el plomo o el arsénico pueden estar bajo la forma de partículas constituidas por compuestos sumamente tóxicos; o en contraparte, bajo la forma de compuestos poco reactivos y con tamaños de partículas relativamente grandes, lo cual no representaría un impacto toxicológico; la clave radica en determinar los diversos tipos de compuestos que pueden conformar en este caso las partículas con plomo o con arsénico o de cualquier otro elemento, para luego realizar estudios de biodisponibilidad en el organismo humano.

Las técnicas de microscopía electrónica son una excelente herramienta para determinar compuestos de tipo inorgánico; sin embargo, tienen fuertes limitaciones cuando se trata de definir la gran variedad de compuestos orgánicos que constituyen a muchas partículas, o que se encuentran adsorbidos en las mismas; "adsorbido" quiere decir que están adheridos a la superficie de las partículas, no hay que confundir con el término "absorbido" que es a nivel volumétrico. Además, estos compuestos adsorbidos pueden ser muy tóxicos. Por esta razón, es necesario el desarrollo de nuevas tecnologías que puedan aplicarse hacia futuras investigaciones de las características fisicoquímicas individuales de partículas atmosféricas con compuestos orgánicos aún no determinados, sobre todo en las de tipo antropogénico.

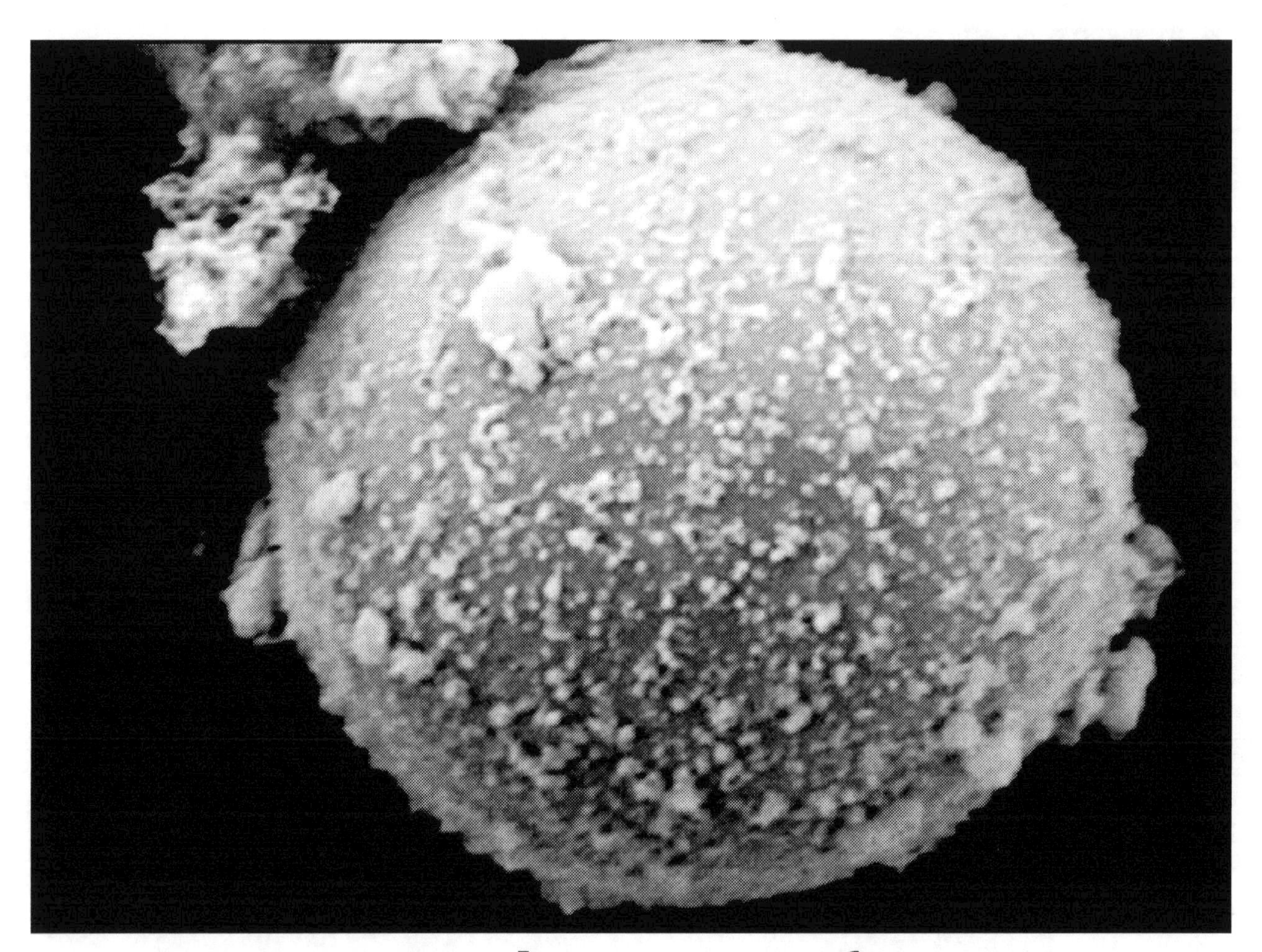

3. Las partículas atmosféricas vistas bajo la "lupa".

Se describe cómo indagar y descubrir toda la valiosa información que encierran las características microscópicas de las partículas atmosféricas, lo cual puede contribuir a determinar su naturaleza, condiciones de formación y hasta su procedencia.

Se describe cómo un proceso antropogénico puede influir en las características de las partículas que emite a la atmósfera.

Se describe el potencial de la microscopía electrónica en el estudio de las características individuales de las partículas.

3.1 ¿Cómo identificar la enorme diversidad de partículas atmosféricas?

Es claro que las partículas atmosféricas que inhalamos pueden ser de origen natural o antropogénico, y la primera pregunta que nos surge es: ¿cómo saber si una partícula fue originada por la naturaleza, o si fue originada por actividades del hombre? o más específicamente, ¿de qué tipo de proceso antropogénico?

Para poder asociar una partícula a un determinado proceso, ya sea natural o antropogénico, es necesario determinar las características individuales de la partícula a nivel microscópico, en donde la imagen es aumentada cientos o miles de veces para obtener con todo detalle su tipo de morfología; esto se logra con el empleo de microscopios electrónicos, en donde al mismo tiempo es posible obtener su composición química individual, ya que un microscopio electrónico puede tener acoplado un sistema de microanálisis.

La morfología y composición química de una partícula a nivel microscópico son clave, ya que pueden revelar información valiosa acerca de su origen natural o antropogénico, y hasta poder asociar una partícula a un proceso determinado; es decir, las características individuales de los corpúsculos que contaminan la atmósfera, generalmente guardan una relación estrecha con los mecanismos de formación que dieron lugar a su origen.

Si no conocemos las características microscópicas de los múltiples tipos de partículas atmosféricas contaminantes, es muy difícil establecer y demostrar su procedencia mediante simples observaciones visuales de opacidad y de medición de concentraciones globales de las mismas, ya que la diversidad de actividades antropogénicas es enorme; a lo sumo, nos llevaría a sospechar de las grandes factorías, mientras que otras fuentes menores podrían estar contribuyendo considerablemente en la emisión de partículas dañinas, sin siquiera nosotros percatarnos.

3.2 Diferencias que revelan la naturaleza de las partículas atmosféricas.

De acuerdo a las investigaciones desarrolladas en la Universidad Autónoma de San Luis Potosí, México (Aragón, 1999; Aragón y col., 2000, 2002, 2006; Campos, 2005; Labrada, 2006; Campos y col., 2009), para distinguir entre partículas atmosféricas de origen geológico-natural, biológico, orgánico o antropogénico, concluimos que, por lo general, todas estas partículas presentan diferencias entre sí, que son de tipo morfológico, de tamaño y de composición química, y que en conjunto pueden revelar cuál es su naturaleza, o por lo menos dar indicios de ésta. Otro factor importante es la abundancia relativa; por ejemplo, si un determinado tipo de partículas atmosféricas es anormalmente abundante en una zona, esto puede ser un indicador de un tipo específico de actividad antropogénica; y hasta podría darse el caso de que las partículas reunieran características químicas y morfológicas de partículas naturales; sin embargo, una abundancia relativa elevada puede revelar que su origen es antropogénico.

Las diferencias más notables que se presentan entre los diversos tipos de partículas atmosféricas son las siguientes:

Partículas de origen mineral

Las partículas presentan morfología y composición química definida, además de que muestran estructura cristalina que da lugar a cierto grado de desarrollo geométrico; es decir, pueden presentar simetría, ángulos característicos y clivajes; los cuales se asocian con fases minerales específicas (Aragón, 1999; Aragón y col.,2000). Aquí entran todos los minerales cuyos grupos principales corresponden a sulfuros, óxidos, elementos nativos, haluros, sulfosales, sulfatos, carbonatos y silicatos. Cabe destacar que la mayor parte del material que constituye la corteza terrestre son silicatos, y contienen elementos como silicio, aluminio, calcio, magnesio, hierro y oxígeno.

Todo este material está presente en la atmósfera debido a fenómenos naturales como la erosión y dispersión eólica, actividad volcánica, etc.

Partículas de origen mineral: (a) galena, (b) magnetita.

Partículas de origen biológico

En este grupo de partículas se encuentran el polen, esporas, microorganismos, partes de insectos y plantas, restos de piel humana, etc. Estas partículas se distinguen por sus estructuras y morfologías características, que suelen ser complejas. Los compuestos que constituyen a estas partículas contienen elementos como carbono, hidrógeno, oxígeno, nitrógeno y potasio.

Partículas de origen biológico: (a) radiolaria, (b) polen.

Partículas de origen antropogénico

Son partículas que contienen elementos pesados en su composición química, como son plomo, arsénico, cobre, zinc, cadmio, níquel y manganeso; entre otros. A diferencia de los minerales, su morfología generalmente es distinta, pues comúnmente presentan formas irregulares, esféricas, y también en complejos de aglomerados de partículas finas que pueden ser globulares o aciculares; y sobre todo, generalmente presentan una composición química muy variable; lo cual no suele ocurrir con fases naturales como los minerales, que sí presentan una composición estequiométrica bien definida (Aragón, 1999; Aragón y col., 2000).

En este grupo también se incluyen aquellas partículas que presentan alto contenido de carbono, pero que son completamente distintas a las partículas de origen biológico, ya que no presentan una morfología compleja, sino que simplemente tienden a ser esféricas, o son formas esferoidales que presentan cráteres generados por la emisión de gases desde su interior.

Todas estas partículas se encuentran en la atmósfera como resultado de actividades humanas tales como la quema de combustibles, procesos industriales, agricultura, minería, etc.

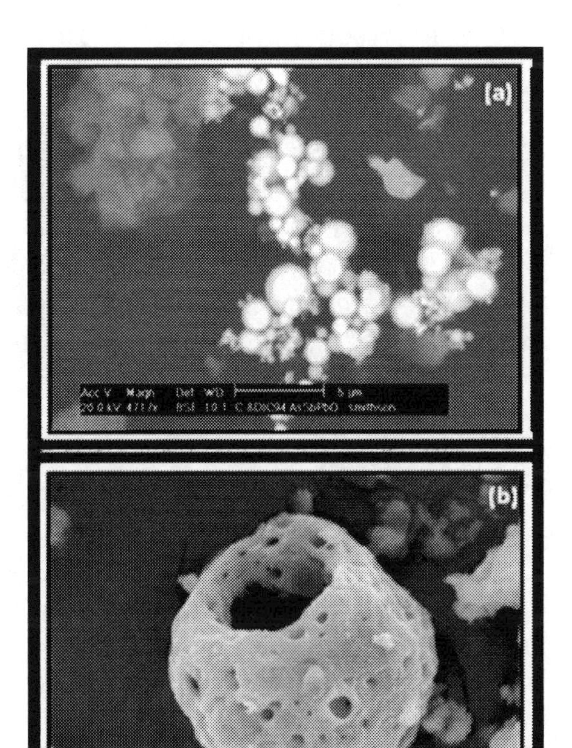

Partículas de origen antropogénico: (a) sulfatos y arseniatos de plomo, (b) residuo de la quema de combustóleo.

3.3 Influencia de los procesos antropogénicos en las características de las partículas que emiten a la atmósfera.

Para mayor claridad, en este punto es necesario hacer una distinción entre el tipo de fuente emisora y la fuente específica emisora de las partículas contaminantes. El tipo de fuente engloba partículas con las mismas características originadas a partir del mismo proceso, pero de diferentes procedencias; mientras que al referirse a una fuente emisora particular, ya se está especificando su procedencia.

Las diferentes morfologías y la composición química de las partículas contaminantes que provienen de las factorías, están estrechamente relacionadas con el tipo de cada proceso industrial; de esta manera, cada proceso emitirá partículas con características morfológicas y de composición química específicas. Por ejemplo, la configuración de una partícula puede revelar las condiciones de la formación de la misma; tal es el caso de las formas esféricas de partículas metálicas que son originadas en procesos de alta temperatura, como ocurre en las fundiciones. Las partículas cristalinas constituidas por compuestos relativamente suaves o de baja dureza, tienden a mantener su forma cristalina al permanecer suspendidas en el aire, ya que las colisiones en el aire son de menor impacto con respecto a las partículas que se transportan al nivel del suelo. Una composición química inusual suele ser un indicador de que las partículas han sido originadas de algún proceso antropogénico. Otras partículas emitidas a alta temperatura pueden presentar una elevada porosidad por la emisión de gases desde su interior, como ocurre con los residuos de la quema de combustibles. Los tamaños de partículas extremadamente finos (PM2.5) y en cuya composición domina el carbón elemental, nos indican que su origen está en los procesos de combustión de los motores que mueven el tránsito vehicular.

Todo lo anterior podría aportar datos suficientes para establecer una procedencia antropogénica y asociar con un determinado tipo de fuente industrial o fuente emisora específica. En fin, se podría enlistar una serie de características morfológicas y de composiciones químicas que no tienen relación con las peculiaridades de las partículas que se originan de manera natural como las minerales, las de origen biológico y las de emisiones volcánicas.

3.4 El potencial de la microscopía electrónica como herramienta.

Para visualizar las características microscópicas originales de las partículas atmosféricas, es muy importante considerar y hacer todo lo posible por preservar las características que adquirieron éstas al momento de ser emitidas a la atmósfera, o en dado caso, conservar sus características después de su formación o alteración en la atmósfera. Lo anterior implica que durante la captura, almacenado y análisis de dichas partículas, se debe minimizar el riesgo de que ocurran alteraciones adicionales, al grado de modificar substancialmente sus características originales, con la consecuente pérdida de información que nos impida determinar su tipo de origen.

Las características microscópicas originales de cada partícula deben visualizarse en tres dimensiones para, de esta manera, poder obtener imágenes con la suficiente resolución que nos permita observar el detalle de la superficie de la partícula aumentado varios cientos o miles de veces; esto se logra con la Microscopía electrónica de barrido, la cual, además, puede proporcionar distintos tipos de imágenes cuando se cuenta con los detectores correspondientes, capaces de revelar los detalles morfológicos, diferencias composicionales, así como el tamaño. También la composición química puede obtenerse simultáneamente si se cuenta con un sistema de Microanálisis acoplado a la Microscopía electrónica de barrido.

Otra técnica de microscopía electrónica empleada en la caracterización de partículas atmosféricas, es la Microscopía electrónica de transmisión, con la cual además es posible determinar estructuras cristalinas, siempre y cuando el material que constituye a la partícula, posea ordenamiento atómico que dé lugar a estructuras cristalinas. Aunque esta técnica ofrece una mayor capacidad de resolución con respecto a la microscopía electrónica de barrido, las principales desventajas radican en la dificultad del montaje de las partículas y en un tiempo requerido mucho mayor para el análisis.

Fundamento de la Microscopía electrónica de barrido

El principio físico de la técnica aplicada al estudio de partículas atmosféricas, en donde se obtienen distintos tipos de señales de imágenes y de composición química, se describe brevemente a continuación:
En un microscopio electrónico de barrido se genera un haz de electrones el cual bombardea la muestra o partícula a ser analizada (de hecho el término riguroso es microscopio de electrones en lugar de microscopio electrónico). Este haz de electrones primario sigue una trayectoria a través de un vacío, impulsado por medio de un voltaje de aceleración; cuando incide sobre una partícula sólida, ocurre la generación de varias señales a partir del material estudiado.

Todas estas señales pueden ser detectadas y amplificadas por medio de dispositivos adecuados en cada caso, y cada uno de estos fenómenos provee distinta información acerca de la partícula estudiada. Las señales generadas más importantes son las siguientes:

Electrones secundarios (imágenes topográficas)

Son originados en el sólido estudiado y emitidos como el resultado de excitación atómica provocada por el haz primario, y se caracterizan por tener un espectro de energías comparativamente bajo con relación al haz inicial. La emisión de los electrones secundarios depende tanto de la topografía como de la densidad de la partícula, y el tipo de imágenes que se obtienen resalta el relieve topográfico, es decir, el detalle de la superficie y morfología de la partícula.

Electrones retrodispersados (imágenes composicionales)

Son aquellos que se desvían del haz primario hacia atrás debido a la dispersión elástica de los electrones al incidir sobre los átomos del material; por tanto, su energía está muy cercana a la del haz incidente. Además de proveer una información topográfica superficial de la partícula, también permite destacar en una imagen, zonas con diferente composición en la superficie de esa partícula. Estas diferencias de composición química son detectadas debido a que la intensidad del haz retrodispersado aumenta cuando se incrementa el número atómico promedio de los elementos que conforman a una fase sólida. De esta manera también es posible destacar, en una imagen, aquellas partículas que poseen diferente composición química entre sí.

Rayos X característicos (microanálisis químico)

Cuando el haz de electrones primarios incide sobre una partícula, también ocurre una emisión de rayos X característicos a partir del material que constituye a la partícula, debido a que aquí ocurren transiciones de los electrones que son excitados por el haz primario, las cuales son distintivas para cada elemento químico, y que es lo que permite distinguir un elemento químico de otro. Estas señales pueden ser detectadas por un espectrómetro de fluorescencia de rayos X (sistema de microanálisis acoplado), el cual recibe la energía dispersada por los elementos químicos que componen a un material, de tal manera que a partir de estas señales, se puede construir un perfil de intensidades que permite conocer qué elementos componen a una partícula, y además, su concentración.

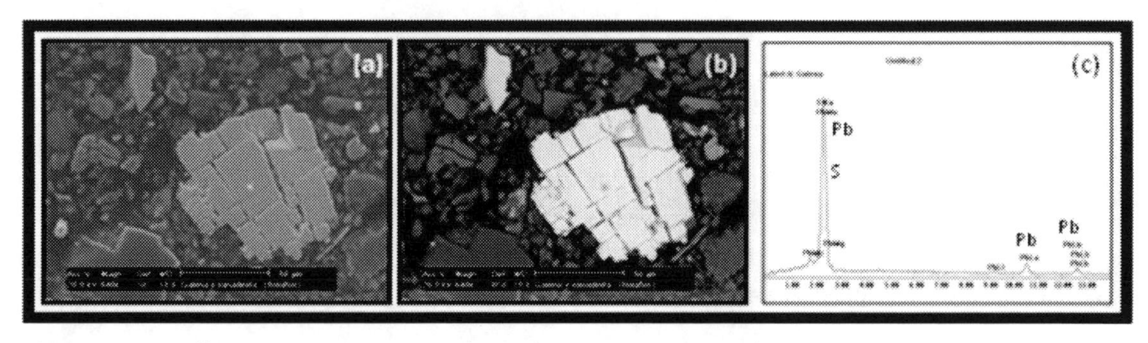

Imágenes y señales de la misma partícula (sulfuro de plomo):
(a) con electrones secundarios, (b) con electrones retrodispersados, (c) espectro de microanálisis.

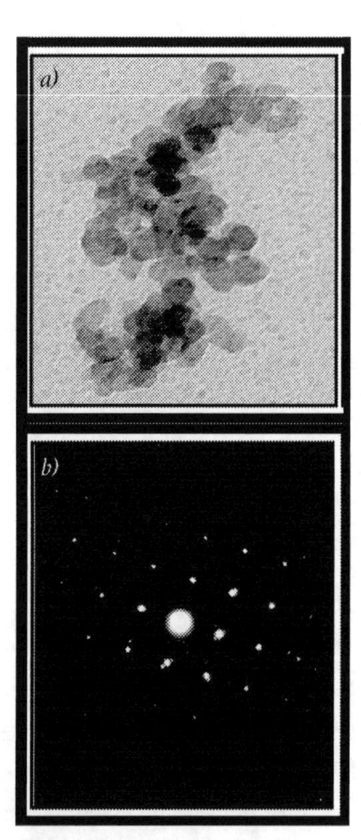

Imágenes obtenidas con un microscopio electrónico de tranmisión:

(a) del haz de electrones transmitido,
(b) del haz de electrones difractados.

Fundamento de la Microscopía electrónica de transmisión

El principio del funcionamiento es similar al del microscopio electrónico de barrido, es decir, la forma de obtener el haz de electrones es la misma. La diferencia estriba en el sistema de formación de la imagen.

En este caso, se tienen señales de electrones transmitidos y difractados que son originados cuando el haz inicial de electrones logra atravesar la partícula estudiada; estos electrones proporcionan imágenes, así como información de estructura interna. Suponiendo que se trata de un sólido cristalino, los electrones que atraviesan la partícula (haz transmitido), también se difractan (haz difractado); de tal manera que el microscopio puede ser operado de modo que produzca una imagen del área iluminada por los electrones, o un patrón de difracción que revela la estructura cristalina. Tanto el haz transmitido como los haces difractados se reúnen en distintos puntos sobre el plano focal, formándose un patrón de difracción que revela la estructura cristalina; más adelante se reunirán todos los haces que provienen de un punto creándose una imagen real de la partícula.

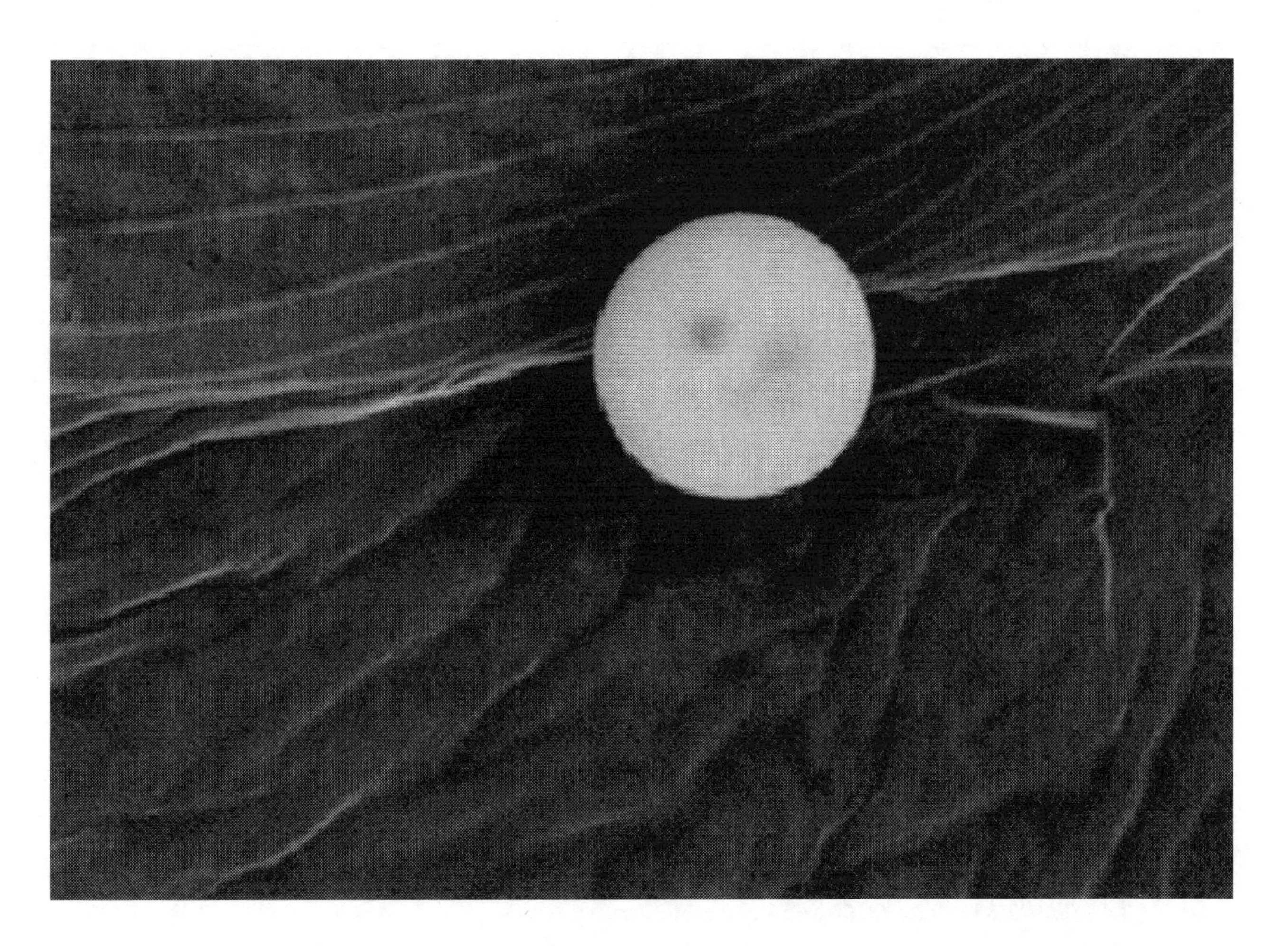

4. ¿Cómo se recolectan y preparan las partículas atmosféricas para su estudio al microscopio electrónico?

Se describe brevemente cómo se realiza la captura de las partículas atmosféricas, así como la importancia de la representatividad del muestreo.

Se describen los factores que deben considerarse para la ubicación adecuada de equipos de muestreo, y la importancia del periodo de muestreo para la representatividad del tipo de partículas atmosféricas presentes en una zona determinada.

Se describe brevemente cómo se realiza la preparación de las partículas atmosféricas para su estudio por microscopía electrónica.

4.1 Captura de las partículas atmosféricas.

La captura de partículas atmosféricas se realiza a través de equipos especialmente diseñados para ese fin. Los equipos más comúnmente usados son denominados "muestreadores de alto volumen"; su funcionamiento se asemeja mucho al de una aspiradora, ya que succionan el polvo que se encuentra suspendido en el aire; pero además, cuentan con ciertas características especiales. El término "alto volumen" se refiere a que por su potencia pueden succionar continuamente un gran volumen de aire del entorno, normalmente hasta por 24 horas continuas; lo cual es muy importante porque esto contribuye a una mayor representatividad de las partículas recolectadas.

Además, estos equipos son capaces de clasificar a las partículas por su tamaño (o diámetro equivalente, mencionado en capítulos anteriores); de esta manera, existen muestreadores para recolectar el total de partículas suspendidas en el aire; ó específicamente, para menores de 10 micrómetros (PM10), menores de 2.5 micrómetros (PM2.5) y menores de 1 micrómetro (PM1), pues recordemos la importancia del tamaño en la capacidad de ingreso al sistema respiratorio humano.

Las partículas recolectadas quedan retenidas en un filtro especial en el interior del muestreador, siendo los filtros más utilizados los de fibra de vidrio, de cuarzo y los de membrana de celulosa.

Para la recolección de partículas atmosféricas PM10, también existe un código de regulaciones federales (CRF 40) de la Agencia de Protección ambiental (EPA), en donde se recomiendan criterios de representatividad para la ubicación de los sitios de muestreo.

4.2 Factores a considerar para un muestreo adecuado.

La correcta ubicación de un equipo también es determinante en la representatividad, pues se deben tomar en cuenta factores como la topografía del terreno, el entorno natural o urbano inmediato, las fuentes de contaminación y tipos de contaminantes, la distribución de la población en la zona, y las condiciones meteorológicas (sobre todo vientos dominantes).

Otro factor importante en la representatividad de un muestreo, es que debe cubrir un período que comprenda globalmente las actividades antropogénicas desarrolladas en una zona, es decir, actividades industriales y agrícolas, uso de combustibles, tránsito vehicular, etc.; todas estas actividades cambian durante el día, pero también se modifican a lo largo del año ajustándose al cambio de estaciones; en otras palabras, la concentración, distribución y tipos de partículas varían en función de las actividades antropogénicas y el cambio de las condiciones meteorológicas. Lo anterior indica que el muestreo más representativo sería aquel que se realiza durante un año, ya que es de suponerse que al siguiente año se cumplan condiciones más o menos semejantes. Obviamente por cuestiones técnicas sería imposible muestrear cada día de un año completo; sin embargo, sí se debe cumplir con un número mínimo de muestras recolectadas, que deben estar homogéneamente distribuidas en cada mes del año, de tal manera que se asegure la representatividad para el período anual. También se cuenta con una norma oficial en México (NOM-025-SSA1-1993), que establece recomendaciones para seleccionar una cantidad mínima de muestras a recolectar en un año, lo cual fue acatado en las investigaciones que se describen en este trabajo.

4.3 Preparación de las partículas atmosféricas para la microscopía electrónica.

Parte de la preparación de las partículas, es el acondicionamiento de los filtros antes y después de la recolección de partículas, ya que de esta manera se elimina principalmente humedad (Campos, 2005); finalmente, la muestra queda lista para prepararla adecuadamente para la microscopía electrónica, y además para otros análisis.

Considerando que para la microscopía electrónica las partículas deben de mantener sus características originales para ser analizadas en sus tres dimensiones, lo más recomendable es desprender directamente las partículas del filtro y colocarlas en un portamuestra especial para su análisis microscópico. También, las partículas pueden desprenderse con alcohol, el cual debe ser eliminado por evaporación; pero aquí debemos recordar que si hay partículas de carbón, sus características originales podrían ser afectadas (Aragón, 1999; Aragón y col., 2000).

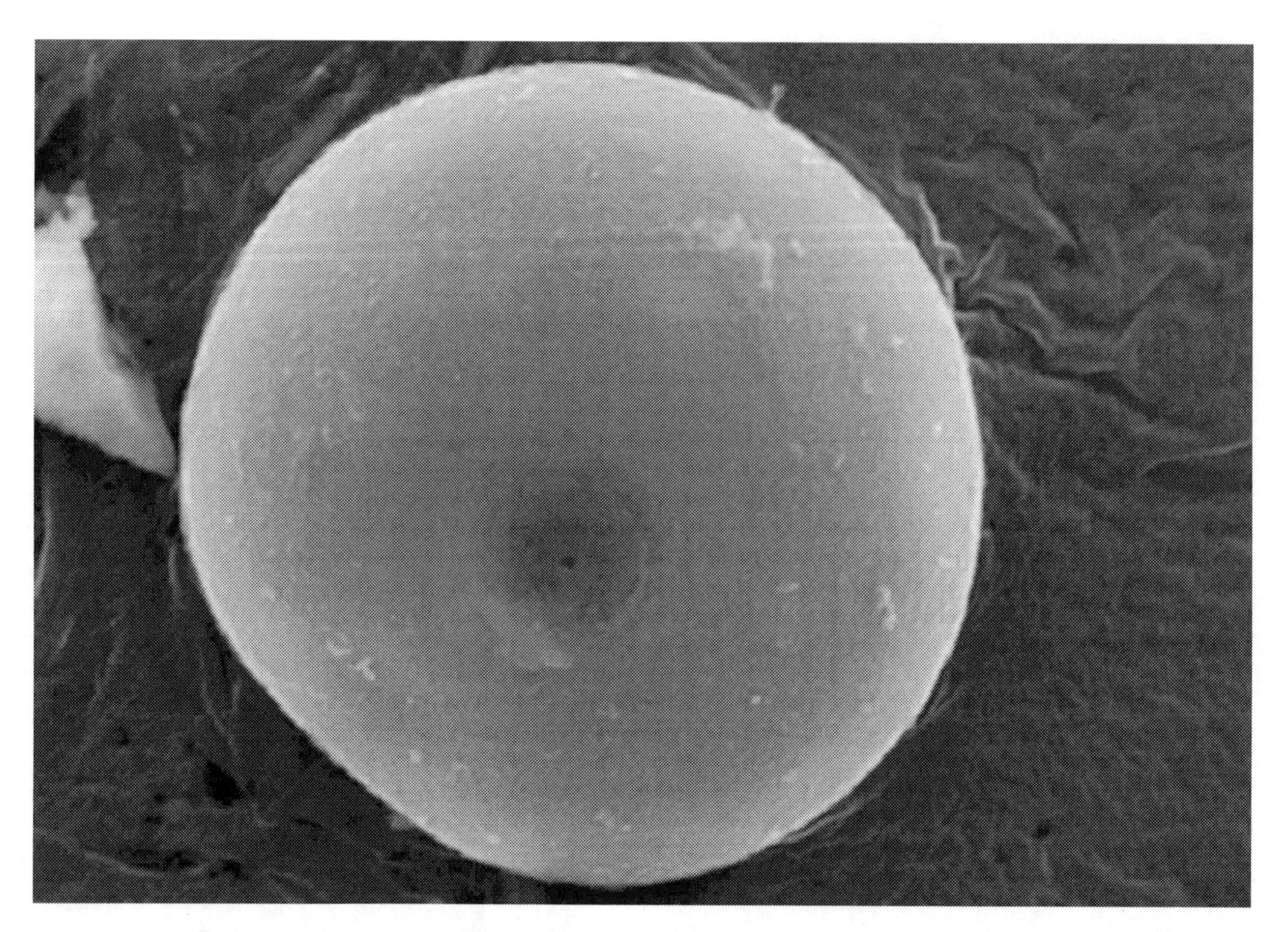

5. El inicio de las investigaciones, ciudad de San Luis Potosí.

Se describe cómo la ciudad de San Luis Potosí, México, presenta aspectos desfavorables en cuanto a altos niveles y distribución de contaminación, que son debidas a la ubicación inconveniente de las zonas industriales, en donde las emisiones son transportadas hacia la ciudad por los vientos dominantes. Estas observaciones motivaron a iniciar estudios que revelaran las características de los tipos de partículas suspendidas en el aire.

Se describen los hallazgos iniciales más relevantes de las primeras investigaciones sobre el estudio de partículas atmosféricas, y que fueron desarrolladas para la ciudad de San Luis Potosí.

Se menciona la importancia de la información generada para la ciudad de San Luis Potosí, ya que fue fundamento para realizar estudios similares en otras ciudades.

5.1 Características de la actividad industrial desarrollada en la ciudad de San Luis Potosí.

La ciudad de San Luis Potosí cuenta con una población de 785 000 habitantes (pronóstico INEGI 2010). Además de ser un importante centro cultural y turístico, se ha distinguido por su larga tradición en la actividad metalúrgica. Desde el inicio del siglo XX, se instaló al noroeste de la ciudad una refinería de cobre que llegó a ser la más importante a nivel nacional. Desde entonces y hasta su cierre en marzo de 2010, en esta refinería se procesó mineral y concentrados sulfurosos procedentes de todo el país.

En la misma zona, en 1982 se instaló también una refinería de zinc que es actualmente una de las de mayor producción nacional y una de las más importantes en América Latina.

Desde entonces, la ciudad de San Luis Potosí ha crecido alrededor de una intensa actividad minero-metalúrgica. Dentro de este ramo, tan sólo en el estado de San Luis Potosí existen 25 empresas que a nivel nacional, colocan a la entidad en el primer productor de fluorita, en la producción de zinc ocupa el segundo, el tercer lugar en la concentración y fundición del cobre, y el octavo lugar en la producción de plomo (INEGI, 2008).

En la ciudad de San Luis Potosí se desarrolla también una importante actividad industrial en otra extensa zona ubicada al sureste de la ciudad, en donde sobresalen las industrias del ramo metal-mecánico y de la transformación. En esta zona industrial actualmente existen instaladas más de 250 empresas de las que sobresalen 35 fundidoras; más de 50 empresas en la industria básica del hierro, acero, y metales no ferrosos; 34 empresas en la producción de autopartes, 6 importantes empresas de enseres para el hogar y más de 90 empresas dedicadas a la industria química (químicos básicos, hule, plásticos y productos farmacéuticos), (SEDECO, 2004).

Estas dos extensas e importantes zonas industriales generan continuamente emisiones, que definitivamente han afectado la calidad del aire de la ciudad de San Luis Potosí.

5.2 Estudios que antecedieron a la investigación sobre las características de las partículas atmosféricas.

Entre los años de 1988 y 2001 se realizaron estudios de la calidad del aire en diferentes zonas de esta ciudad (Luszczewski y col., 1988; Medellín y col., 1988; Aragón, 1999; Aragón y col. 2000, 2002). Estos estudios revelaron la presencia de un alto nivel de partículas suspendidas en el aire. Los niveles medios del total de partículas suspendidas y los niveles medios para plomo, cobre, zinc, arsénico y cadmio, excedieron los límites recomendados por la Organización Mundial de la Salud.

También se realizaron estudios a nivel de salud pública, los cuales revelaron un elevado índice de enfermedades respiratorias, dermatológicas y de hipertensión arterial, que podrían estar asociadas a la presencia de partículas con metales pesados suspendidas en el aire (Batres y col., 1993). El impacto toxicológico para los casos de plomo, arsénico, cadmio, mercurio y otros elementos pesados se ha descrito ampliamente (Corey, 1982; ATSDR, 2009).

5.3 El inicio de las investigaciones sobre las características de las partículas atmosféricas, la catapulta.

Los altos niveles de contaminación atmosférica por elementos pesados en la ciudad de San Luis Potosí, justificaban plenamente un estudio más a fondo para definir bajo qué formas y especies se presentan esos elementos pesados.

Las investigaciones sobre las características individuales de las partículas atmosféricas las iniciamos en 1997 en la Universidad Autónoma de San Luis Potosí (con partículas recolectadas durante 1994), y los primeros resultados fueron publicados tres años después (Aragón y col., 2000), este trabajo inicial se desarrolló en la Facultad de Ciencias Químicas; y posteriormente, se recolectaron partículas atmosféricas durante los años 2003, 2005 y 2006 cuyas investigaciones continúan hasta la fecha en el Instituto de Metalurgia.

Además de ser el lugar de casa, fue realmente conveniente haber iniciado las investigaciones en una ciudad como San Luis Potosí, pues debido a su mediana extensión y los tipos de emisiones antropogénicas dominantes, aquí no resulta tan complicado asociar los diversos tipos de partículas atmosféricas antropogénicas, con aquellas fuentes principales que emiten las partículas que contaminan el aire; en otras palabras, hubiera sido muy complicado el haber comenzado en un sitio tan complejo como lo es la Zona Metropolitana del Valle de México, debido a su enorme extensión e innumerables tipos de fuentes emisoras de partículas contaminantes.

Después de obtener los primeros resultados y conclusiones, la vasta y diversa información compilada de tipos de partículas atmosféricas, y su comparación directa con emisiones de las dos importantes zonas industriales de la ciudad, permitió obtener una extensa base de datos que ha servido como punto de referencia y catapulta para abordar el estudio de otros sitios contaminados; de hecho, la información generada más completa a nivel mundial, hasta ahora, pertenece a la ciudad de San Luis Potosí.

5.4 La relevancia de los primeros resultados.

Los resultados más importantes para la ciudad de San Luis Potosí, revelaron contundentemente que las partículas más abundantes con metales pesados son aquellas que contienen plomo (Aragón y col., 2000, 2002), lo cual una década atrás ya se sospechaba por el uso de gasolinas con plomo (hasta 1994); sin embargo, esta premisa resultó ser incorrecta al encontrar, por microscopía electrónica, que las características de la composición química de las mencionadas partículas no tienen nada que ver con las que se generan de las gasolinas, dado que, aún estando presentes éstas últimas, hay también otros elementos pesados asociados al plomo como cadmio, arsénico, cobre y zinc, bajo la forma de sulfatos complejos (componentes típicos de emisiones de refinerías de plomo-zinc-cobre); ello es muy distinto a lo que encontramos en partículas provenientes de las gasolinas con plomo, pues éstas normalmente contienen cloro y bromo, asociados químicamente al plomo, y no a otros elementos pesados.

La ubicación diametralmente opuesta de las dos zonas industriales, las actividades antropogénicas preponderantes, y las direcciones de los vientos dominantes (que se oponen con el cambio estacional y arrastran la contaminación generada por ambas zonas industriales hacia la ciudad), permitió con cierta facilidad determinar el origen de las partículas que contaminan el aire; para esto, se ubicó estratégicamente una estación de muestreo entre las dos principales zonas industriales (muestreo anual), en un sitio que corresponde al principal pulmón de la ciudad, el Parque Tangamanga 1, lugar en donde se esperaba que sólo predominaran las partículas de origen biológico (polen, esporas, partes de plantas y de insectos, etc.); sin embargo, también se encontraron partículas con elementos pesados que pudieran ser asociados a ambas zonas industriales de la ciudad, lo cual fue constatado porque también se colocaron estaciones de muestreo en la cercanía de estas zonas industriales, en donde los estudios de microscopía electrónica revelaron que las características de las partículas recolectadas respectivamente en ambas zonas industriales, eran idénticas a las encontradas en el Parque Tangamanga 1.

De esta manera, además de las partículas con plomo, se confirmó también la relación de otras partículas con la zona minero-metalúrgica, como partículas de cobre metálico de forma esférica y de cristales de trióxido de arsénico; entre otras partículas con elementos pesados en menor abundancia.

Para la otra zona industrial se encontraron diversos tipos de partículas asociadas a tipos distintos de fuentes emisoras; sin embargo, aquí domina el ramo metal-mecánico, y las principales partículas asociadas corresponden a formas esféricas de hierro de fundición, pero también de manera abundante, partículas de fluorita, pues en esta zona también se almacena este mineral una vez que ha sido triturado y molido para su posterior empleo; estas partículas son arrastradas por los vientos dominantes al Parque Tangamanga 1 y, obviamente, a toda la ciudad (Aragón, 1999, Aragón y col., 2000, 2002, 2006; Campos, 2005).

Aunque en este apartado se mencionan sólo los tipos de partículas más abundantes (más adelante haré una descripción más detallada considerando en conjunto la información obtenida en los otros sitios estudiados), del total de los resultados se obtuvo una extensa clasificación de partículas, lo cual representa una información muy valiosa no sólo para la ciudad de San Luis Potosí, pues el mismo tipo de industrias existen en otras ciudades y las conclusiones locales se pueden aplicar a otras poblaciones más complejas como la Ciudad de México, donde es mucho más difícil determinar la procedencia de las partículas contaminantes.

El desarrollo de esta metodología y sus resultados dio lugar a dos premios, en ocasión del XV Congreso Nacional de la Federación Mexicana de Ingeniería Sanitaria y Ciencias Ambientales 2006: Premio AIDIS (Asociación Interamericana de Ingeniería Sanitaria y Ambiental), y el Premio al mejor trabajo del congreso; la participación de estudiantes compenetrados en estos estudios, ha sido determinante en el éxito de estas investigaciones.

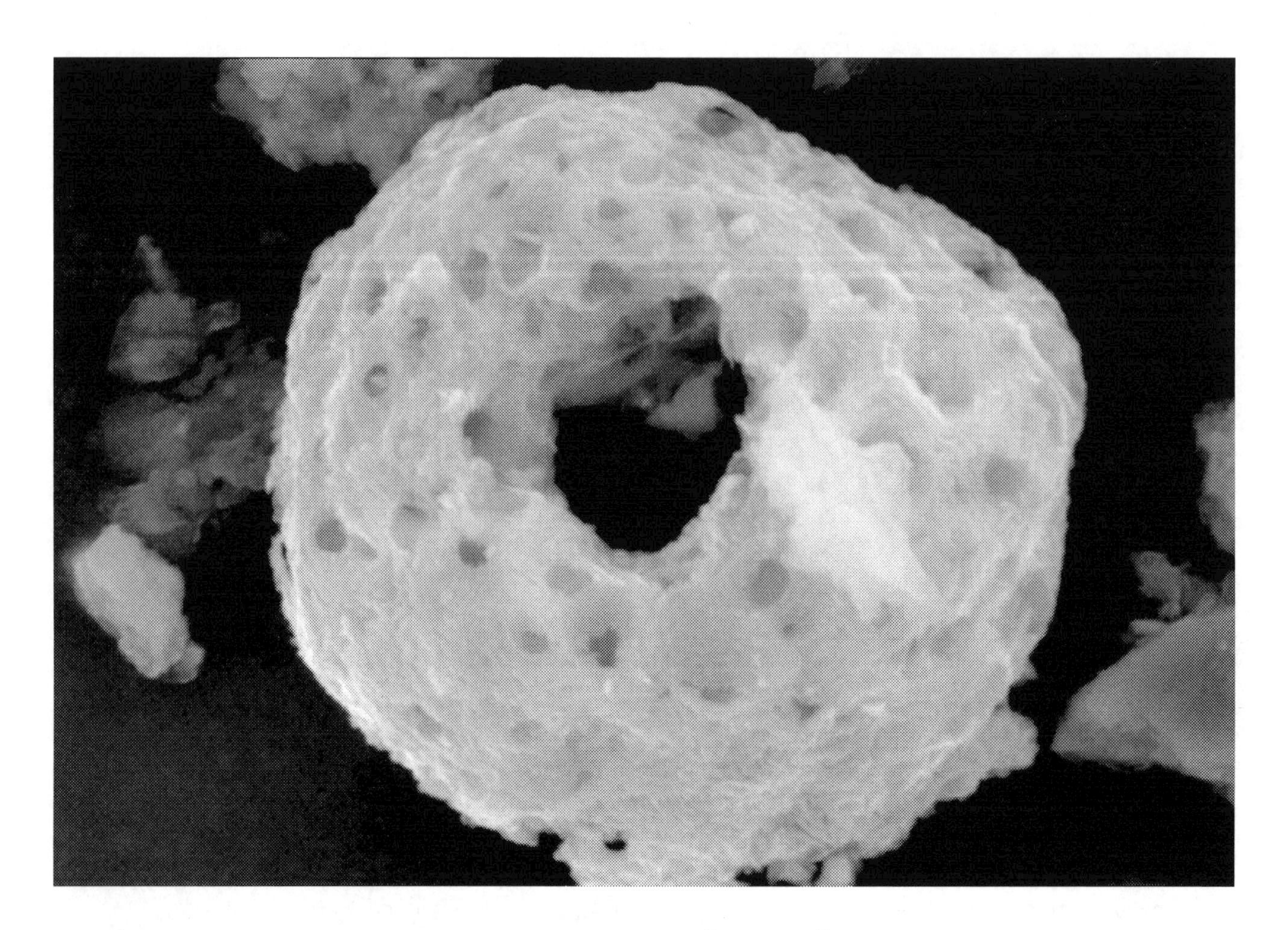

6. La investigación sobre las características de las partículas atmosféricas se extiende a otros sitios.

El grupo de investigación de partículas atmosféricas de la UASLP establece redes de trabajo con otras instituciones académicas, con el propósito de extender las investigaciones que conlleven a establecer las semejanzas y diferencias en cuanto a los diversos tipos de partículas atmosféricas, así como su relación con las diversas fuentes emisoras propias de cada sitio de estudio.

Se describen las características de los sitios estudiados; en la República Mexicana: ciudad de Querétaro, Zona Metropolitana del Valle de México, ciudad de Colima; en el extranjero: ciudad de Barcelona, España.

Como punto de referencia para cada sitio de estudio, se describen las investigaciones que antecedieron a los estudios de las características individuales de las partículas atmosféricas.

6.1 Redes de colaboración interinstitucional

La metodología e investigaciones desarrolladas en la Universidad Autónoma de San Luis Potosí, ahora se extienden al estudio de las partículas atmosféricas de otros sitios en la República Mexicana y del extranjero, gracias a las redes de colaboración establecidas con las siguientes instituciones académicas:

En la ciudad de Querétaro: Centro de Estudios Académicos sobre Ciencias Atmosféricas de la Universidad Autónoma de Querétaro.

En la ciudad de Colima: Centro Universitario de Investigaciones en Ciencias de la Atmósfera, de la Universidad de Colima.

En la Zona Metropolitana del Valle de México: Centro de Ciencias de la Atmósfera, de la Universidad Nacional Autónoma de México.

En la ciudad de Barcelona: Instituto de Ciencias de la Tierra "Jaume Almeda", del Consejo Superior de Investigación Científica, España.

6.2 Características generales de los sitios de estudio, factores que afectan su calidad del aire y antecedentes de investigaciones sobre contaminación por partículas.

Ciudad de Querétaro, México

La ciudad de Querétaro está considerada como una de las más importantes de la República Mexicana por su gran tradición histórica y cultural, además de ser el centro urbano e industrial más grande del estado. Cuenta con 804,600 habitantes (pronóstico INEGI 2010), lo cual representa el 45.9% de la población estatal.

Ha tenido un crecimiento industrial importante en los últimos 15 años, lo que ha dado lugar a una gran diversidad de sectores de trabajo:

Principales Sectores Industriales de la ciudad de Querétaro (SIDECAP, 2005)

Sectores Industriales	% del total
Metal -Mecánica y Autopartes	27.2 %
Servicios Industriales	16.1 %
Química, Caucho y Plásticos	15.7 %
Papel, Imprentas y Editoriales	6.8 %
Alimentos, Bebidas y Tabaco	6.8 %
Servicios Generales	6.2 %

Se localizan 5 parques industriales en operación; éstos son:

1. Ciudad Industrial Benito Juárez.
2. Parque industrial Jurica, que se caracteriza porque ahí se asientan importantes centros de investigación privados y empresas de alta tecnología.
3. Parque industrial Querétaro.
4. Fraccionamiento Industrial San Pedrito.
5. Fraccionamiento industrial La Montaña.

Además, existen otros 11 parques industriales ubicados en otros municipios como son El Marqués, San Juan del Río y Corregidora (SEDESU, 2006).

También, debido al crecimiento industrial y urbano que ha presentado en los últimos años, se ha originado un incremento en el parque vehicular local y de paso; tan sólo en el año 2004 sumaron 381,264 unidades (SEDESU, 2006). Las emisiones a la atmósfera provenientes del parque vehicular son un grave problema de emisiones de contaminantes. En un estudio realizado en el Estado de Querétaro, se tomaron datos estadísticos de los recorridos promedios anuales de una muestra de 80,000 automóviles; posteriormente se aplicó un factor de emisiones por vehículo, de acuerdo a cada tipo de combustible, y de esta manera se determinó la cantidad de contaminantes emitidos por los vehículos registrados en el estado; el resultado fue de 284,351 toneladas por año (SEDESU, 2006).

En resumen, la ciudad de Querétaro presenta problemas de contaminación del aire debido a las actividades tanto de tipo industrial como de tránsito vehicular.

Antecedentes de investigaciones en la ciudad de Querétaro

Esta ciudad cuenta con una red de monitoreo que ha generado datos que revelan el comportamiento de los niveles de Partículas Suspendidas Totales (PST); por ejemplo, durante la estación seca del año, los niveles sobrepasan los límites máximos permitidos establecidos por la Secretaría de Salud (210 $\mu g/m^3$ en un periodo de 24 horas, NOM-025-SSA1-1993). Los datos abarcan tanto al área de la Zona Industrial, así como a la Zona Centro, que presenta un intenso tránsito vehicular. La red móvil de monitoreo proporciona también la concentración de otros contaminantes atmosféricos como son: ozono, dióxido de azufre, dióxido de nitrógeno, partículas PM10, partículas de carbono y monóxido de carbono.

Sólo se han realizado mediciones de los niveles de contaminación por partículas suspendidas totales y PM10, en donde se ha demostrado que llegan a sobrepasar los máximos niveles permitidos; sin embargo, para llegar a establecer un control más selectivo de la gran diversidad de emisiones industriales y de la quema de combustibles, se deben llevar a cabo estudios más profundos que impliquen la caracterización individual de los diversos tipos de partículas atmosféricas antropogénicas.

Zona Metropolitana del Valle de México (ZMVM)

La Zona Metropolitana del Valle de México, es uno de los sitios más poblados y contaminados en el mundo; su población es de más de 20 millones de habitantes, y ha presentado importantes problemas de niveles elevados de emisiones antropogénicas de gases y aerosoles a consecuencia de la intensa actividad industrial desarrollada y el tránsito vehicular. La combustión empleada para obtener calor, generar energía eléctrica o movimiento, es el proceso de emisión de contaminantes más significativo. Existen numerosas actividades, tales como la fundición y la producción de sustancias químicas, que han provocado el deterioro de la calidad del aire. Las emisiones anuales de contaminantes en el país son superiores a 16 millones de toneladas, de las cuales el 65% es de origen vehicular. En la ZMVM se genera el 23.6% de dichas emisiones, en Guadalajara el 3.5%, y en Monterrey el 3%. Los otros centros industriales del país generan el 70 % restante.

Según los resultados publicados en el Inventario de Emisiones de la ZMVM, para el año de 2004 se estimó una generación de 20,686 toneladas de PM10, de las cuales el 31% se emiten en el Distrito Federal y el 69% restante (14,214 toneladas) en el Estado de México. Esta situación se debe a que en la zona norte del área Metropolitana del Valle de México, es decir, en los municipios conurbados del Estado de México, se encuentran fuentes puntuales (industrias) altamente contaminantes. De hecho la cantidad de PM10 que se atribuye a las fuentes puntuales es de 19% (3,916 toneladas) y de esto el 12% proviene del Estado de México, específicamente la zona norte presenta regiones altamente industrializadas (Xalostoc y Tlalnepantla).

Antecedentes de investigaciones en la Zona Metropolitana del Valle de México

Debido a los problemas de contaminación atmosférica, la ZMVM ha sido uno de los sitios más estudiados a nivel mundial, pues se han realizado una gran cantidad de mediciones y estudios por más de 40 años, los cuales han sido encabezados por instituciones como el Instituto Nacional de Investigaciones Nucleares (ININ), la Secretaría de Desarrollo Urbano y Ecología (SEDUE), el Instituto Politécnico Nacional (IPN) y la Universidad Nacional Autónoma de México (UNAM). Todas esta investigaciones han sido acopiadas y analizadas con el fin de tratar de explicar los procesos físicos de formación primaria y secundaria de gases y aerosoles, su evolución espacial y temporal, así como también su potencial de impacto en el ambiente local y regional (Raga y col., 2001).

Posteriormente, en 2006 se comenzó un proyecto internacional en donde participaron investigadores de diversas nacionalidades para continuar las investigaciones en el sitio más contaminado del mundo (proyecto: Megacity Initiative: Local And Global Research Observations, o Campaña MILAGRO); los análisis incluyeron la medición de masa total, iones, elementos traza, carbón elemental, carbón orgánico, distribución de tamaño de partículas, coeficientes de absorción y dispersión, espesor óptico y morfología de las partículas (Doran y col., 2007; Moffet y col., 2008; Fast y col., 2007, 2009; Molina y col., 2010).

En general, los estudios de composición química de las partículas del polvo atmosférico que se han realizado mayormente, están enfocados a obtener la composición elemental a partir de las partículas suspendidas totales (PST) y comprenden técnicas tan sofisticadas como la Emisión de Rayos X Inducida por Protones (PIXE), para la obtención de cuantificación elemental; el Análisis por Dispersión Elástica de Protones (PESA), que proporciona información del contenido de hidrógeno; y el Método de la Placa Integradora de Laser (LIPM), utilizado para la medición de carbón elemental, (Aldape y col., 1991, 1991, 1993, 1996; Miranda y col., 1994).

Sabemos que las partículas del polvo atmosférico están constituidas por corpúsculos (de diámetro de 0.3 a 10 µm) como polvo, cenizas, hollín, partículas metálicas, cemento o polen. También es bien conocida la preocupación en cuanto a las emisiones de partículas con plomo que eran producidas por el tránsito vehicular hasta mediados de la década de los noventa.

Aunque se han realizado una gran cantidad de análisis por elementos de las partículas del polvo atmosférico de la ZMVM, la mayoría se ha hecho a partir de aerosoles recolectados en filtros para PM10 ó PM2.5. En el caso de PM10, de esta fracción gruesa obviamente domina la masa del aerosol y en consecuencia, por el relativo tamaño grande de las partículas, los elementos identificados podrían no ser particularmente importantes para la salud o el medio ambiente. Los análisis de aerosoles PM2.5 son más importantes para cuestiones de salud; sin embargo la incapacidad de diferenciar los tamaños limita nuestra capacidad de comprender la relativa importancia de los procesos físicos que forman estos aerosoles (nucleación y crecimiento de las partículas por condensación y coagulación). Aunque los estudios teóricos sugieren que una gran fracción de aerosoles con importancia ambiental se forman a partir de reacciones fotoquímicas secundarias de compuestos orgánicos volátiles, sin un análisis de diferenciación de tamaños de las composiciones inorgánicas y orgánicas, la importancia de estos procesos de formación no puede ser evaluada.

A pesar de que existen numerosos estudios sobre la contaminación atmosférica, muy poco se ha realizado en investigación sobre las características individuales de las partículas. Indudablemente, los estudios por microscopía electrónica que se realizan en la Universidad Autónoma de San Luis Potosí, representan una contribución importante ya que definen las características morfológicas y de composición química individual de las partículas PM10 y PM2.5, lo cual puede complementar la vasta información ya existente; aunque como se mencionó en capítulos anteriores, las partículas más pequeñas (PM1) constituidas por fases de carbón y compuestos orgánicos adsorbidos (partículas secundarias), quedarían fuera del alcance de estos estudios de microscopía, por lo cual es necesario continuar con el desarrollo de otras técnicas y metodologías de investigación.

Ciudad de Colima, México

La presencia de contaminación del aire también puede originarse a partir de fuentes naturales como las emisiones volcánicas; tal es el caso de la ciudad de Colima. Es de esperarse que en este tipo de lugares existan varios tipos de fuentes emisoras antropogénicas y naturales, y por tanto, resulta de gran interés el estudio de un sitio diferente con respecto a las ciudades industrializadas ya mencionadas hasta ahora. Además, el ambiente marino, es decir, la elevada humedad relativa y la presencia de sales como el cloruro de sodio, que sumado a las emisiones volcánicas como el dióxido de azufre, pueden dar lugar a la formación de partículas secundarias.

La ciudad de Colima es un claro ejemplo de un área urbana que ha estado sujeta a emisiones procedentes del Volcán de Colima por más de 40 años. La población del área urbana es de alrededor de 210,000 habitantes, y la actividad más importante es el comercio, seguido por la agricultura del área del entorno. Adicionalmente, existe en pequeña escala actividad industrial, y de una baja a mediana influencia del tránsito vehicular. En los últimos años, el volcán ha mostrado un incremento en su actividad, obligando a la evacuación de comunidades cercanas, a causa de las intensas emisiones de gases, partículas y material incandescente (Miranda y col., 2004). Estas emisiones afectan la calidad del aire de la zona urbana, lo cual ha llevado a la necesidad de evaluar los posibles efectos en la salud y el sistema ecológico del entorno.

Antecedentes de investigaciones en la ciudad de Colima

Existen regiones en México y en el Mundo en donde se han realizado estudios de las emisiones volcánicas. En el caso de México, los volcanes Popocatépetl, Fuego de Colima y El Chichón (Galindo y col., 1998, Miranda y col. 2004; Galindo y col., 2008).

Particularmente en el estudio realizado por Miranda y col. (2004), en donde se estudiaron las emisiones del Volcán de Colima, se obtuvo la composición elemental de partículas de fracciones PM15-PM10 y PM2.5, mediante el empleo de la técnica de Emisión de rayos X inducida por protones (PIXE) y el análisis estadístico de estos datos, bajo la consideración de la influencia de la velocidad y dirección de los vientos. Los resultados revelaron que existe una contribución de fuentes antropogénicas de aerosoles provenientes del norte del área urbana, en donde los elementos asociados son azufre, vanadio y níquel; pero también se identificó un grupo de elementos (azufre, cloro, cobre y zinc) asociados a las partículas del Volcán de Colima. Por el tipo de zona, también existen componentes orgánicos que forman parte del polvo atmosférico (de origen natural y/o antropogénico); sin embargo, estos no pueden ser detectados por el PIXE debido a limitaciones de la técnica.

En estos estudios, la determinación de estas asociaciones fue realizada a partir de las muestras de polvos atmosféricos, es decir, esta metodología no revela qué elementos químicos constituyen a cada uno de los diversos tipos de partículas, y por tanto, resulta necesario el empleo de las técnicas de microscopía electrónica y microanálisis para determinar la composición química individual de las partículas, así como su morfología asociada.

Ciudad de Barcelona, España

La ciudad de Barcelona posee una población de 1,628,000 habitantes (la provincia de Barcelona alcanza 5,507,000 habitantes). Esta ciudad resulta sumamente interesante para su estudio ya que reúne fuentes antropogénicas como emisiones por combustibles vehiculares y de actividad industrial, que a su vez son alteradas por el ambiente marino que promueve la formación y transformación de aerosoles secundarios y la interacción entre partículas y gases contaminantes; y además, una importante cantidad de polvo mineral llega desde el Desierto del Sahara. El conjunto de todos estos factores han dado lugar a elevados niveles de partículas atmosféricas (Rodríguez y Guerra, 2001b; Querol y col., 2006).

La mayor tendencia de aportes de partículas contaminantes provienen del transporte (tránsito vehicular, aéreo, trenes y embarcaciones); y en segundo término, por minerales (resuspensión de partículas de polvo del África) y aerosol marino.

El mayor porcentaje relativo de los vientos dominantes que transportan partículas corresponde a los que provienen del Atlántico oeste (52%), seguido de vientos del sur procedentes de África (19%), vientos del noreste del continente europeo (15%), vientos del mediterráneo (6%) y vientos de carácter regional o de recirculación (8%) (Querol, 2006).

Los vientos dominantes en las estaciones del año, transportan una considerable cantidad de partículas procedentes del Desierto del Sahara (Jorba y col. 2004; Pérez y col., 2004). Las fases minerales que se han determinado en el polvo que llega del Sahara corresponden a arcillas (paligorskita, ilita, caolín y clinocloro), cuarzo, feldespatos (albita y microclina), calcita, yeso, mascagnita (sulfato de amonio) y halita (cloruro de sodio) (Querol y col., 1996; Alastuey y col., 2005).

Antecedentes de investigaciones en la ciudad de Barcelona, España

Debido al efecto de los contrastes regionales, tanto climáticos como orográficos, existentes en España, se han detectado variaciones significativas en la composición y la evolución estacional de los contaminantes como partículas atmosféricas registrados en las zonas urbanas de estas regiones (EMEP, 1996 y Gangoiti y col., 2001). Los niveles existentes de PM10 en España, están constituidos en una proporción bastante elevada de partículas naturales y antropogénicas resuspendidas (Querol y col., 2004a y Zabalza y col., 2006).
Durante la última década, distintos estudios epidemiológicos han puesto especial hincapié en los efectos negativos que, sobre la salud humana, parecen ejercer niveles relativamente elevados en la atmósfera de partículas de granulometría fina (PM2.5) principalmente (Dockery y col., 1996; Pope y col., 2002; CE, 2004; Viana, 2008).

Las características de los diferentes escenarios meteorológicos permite que durante el invierno se favorezca la acumulación de contaminantes emitidos por sistemas de calentamiento, industria y emisiones por combustión incompleta originada del transporte; lo que ocasiona un gran impacto debido a la presencia de partículas de la fracción fina (PM2.5), que corresponden mayormente a partículas carbonosas (Putaud y col., 2004; y col., 2006; Escudero y col., 2005, 2007).

Los estudios más recientes muestran que los vehículos emiten nanopartículas <50 nm, producidas por sulfatos y compuestos orgánicos semivolátiles, y aunado con el diesel, se tienen partículas de 50-1000 nm formadas por aglomerados de partículas finas esféricas, originadas durante la combustión (Pérez y col., 2008); lo anterior causa un mayor impacto en la salud que las partículas gruesas de la misma concentración y composición (Donadlson y MacNee, 1999, 2001; Querol y col., 2001; Grantz, 2005).

En la temporada de verano se presentan brisas de montaña y de costa, originando la recirculación del aire, lo cual incrementa la formación de aerosoles secundarios y la resuspensión de partículas del suelo (Rodríguez y col., 2003; Pérez y col., 2004). El incremento de la temperatura durante el verano también facilita la volatilización de especies orgánicas (carbón orgánico) aumentando la formación de aerosoles orgánicos secundarios (Kleefeld y col., 2002).

Por otra parte, la mayor cantidad de partículas naturales son minerales con aluminio-silicio (arcillas y feldespatos) y carbonatos de calcio y magnesio, en el intervalo de tamaño de 5-25 µm. El polvo mineral ejerce la mayor influencia en los niveles anuales de PM10, debido a las elevadas tasas de resuspensión del polvo que levanta el tránsito vehicular o por fuentes como la construcción y la demolición, cuya acumulación, se ve favorecida por el bajo volumen de precipitación además de los aportes de polvo desde África y a la resuspensión natural de suelos áridos (Rodríguez y col., 2001a; Querol y col., 2004a).
En el caso del aerosol marino las partículas presentan tamaños entre 1-5 µm, y debido a estos aerosoles, los niveles de iones sodio se incrementan en verano por la mayor intensidad de la circulación de la brisa marina; mientras que los niveles de iones cloro presentan un descenso en esta temporada, como consecuencia de su volatilización en forma de ácido clorhídrico originado durante la formación de nitrato de sodio por reacción entre ácido nítrico gaseoso y cloruro de sodio.

A consecuencia de lo anterior, los niveles de otros compuestos inorgánicos secundarios también se ven afectados. Por ejemplo, los niveles de sulfato no marino en PM10 (mayoritariamente sulfato de amonio) maximizan en verano debido a la mayor insolación (McGovern y col., 2002). Contrariamente, los niveles de nitrato de amonio se incrementan en invierno a consecuencia de emisiones agrícolas y ganaderas (EPER, 2001), lo cual es característico de la costa mediterránea y en especial del NE peninsular; esta tendencia es probablemente debida a la inestabilidad térmica de nitrato de amonio en verano, cuando las altas temperaturas favorecen la formación de ácido nítrico (Adams y col., 1999; Pakkanen y col., 1999; Schaap y col., 2002). También se tiene la presencia de partículas de nitratos con tamaños entre 2.5-5 µm, probablemente por reacciones entre el ácido nítrico gaseoso con carbonato de calcio mineral y con el aerosol marino, lo cual forma nitrato de sodio y nitrato de calcio (Querol y col., 1998 a y b).

Los sitios industriales presentan mayor porcentaje de aerosoles secundarios inorgánicos y elementos traza (Querol y col., 2006). Los niveles medios de concentración de elementos traza presentes en la composición del polvo atmosférico, alcanzan sus máximos valores en emplazamientos industriales y de tránsito. En estos emplazamientos el contenido de algunos metales (titanio, cromo, manganeso, cobre, zinc, arsénico, estaño, tungsteno y plomo) llega a superar ocasionalmente en un orden de magnitud del que se registra en emplazamientos de fondo rural. Los niveles de cobre y antimonio registrados en zonas urbanas son relativamente altos al compararlos con los obtenidos en regiones industriales; esto es debido probablemente a que en áreas urbanas se producen elevadas emisiones de estos metales, así como de hierro y zinc, por efecto del desgaste de los frenos de los vehículos. Los niveles de cromo, manganeso, níquel, zinc, molibdeno, selenio, estaño y plomo, son mayores en zonas bajo la influencia de industrias dedicadas a la producción de acero. Los niveles de arsénico, bismuto y cobre son relativamente más elevados en zonas bajo la influencia de industrias metalúrgicas de cobre. Los niveles de vanadio y níquel son relativamente altos únicamente en áreas cercanas a plantas petroquímicas, pero probablemente sus emisiones han tenido muy poco efecto sobre dichos niveles y tal vez tengan su origen en procesos de combustión de diesel. Los niveles de zinc, arsénico, selenio, zirconio, cesio, talio y plomo, han sido relativamente más altos en las áreas de estudio cercanas a plantas de producción cerámica debido al uso de esmaltes.

Los estudios realizados en Barcelona son abundantes y muy interesantes en el sentido de la química de formación de aerosoles secundarios; sin embargo, poco se ha hecho en cuanto al estudio de las características individuales de estas partículas a nivel microscópico.

7. Resultados más sobresalientes de los tipos de partículas en los sitios estudiados.

Se describen cuáles fueron los resultados más relevantes de nuestras investigaciones en cuanto a los tipos de partículas atmosféricas antropogénicas que son característicos de los sitios de estudio, lo cual está en relación directa con el tipo de actividades desarrolladas; en las ciudades mexicanas: Querétaro, la Zona Metropolitana del Valle de México, Colima; y la ciudad de Barcelona, España.

Los resultados se presentan de manera individual y resumida para cada sitio; posteriormente en el siguiente capítulo, se presentan estos resultados de manera global, indicando también el posible tipo de fuente que la originó.

Se presenta también un resumen comparativo de los principales tipos de partículas atmosféricas antropogénicas en función de las características de los sitios estudiados, incluyendo ahora la ciudad de San Luis Potosí cuyas características y resultados más relevantes fueron descritos anteriormente, lo cual fue el punto de partida de estas investigaciones.

7.1 Ciudad de Querétaro, México

Recordemos que esta ciudad está caracterizada por su gran y diversa actividad industrial, así como por su intenso tránsito vehicular, cuyos detalles fueron descritos en el capítulo anterior.

Los resultados más sobresalientes de las investigaciones realizadas en la Universidad Autónoma de San Luis Potosí, en colaboración con el Centro de Estudios Ambientales sobre Ciencias Atmosféricas de la Universidad Autónoma de Querétaro fueron los siguientes:

Los estudios de partículas atmosféricas antropogénicas revelaron que en la Zona Industrial la mayor parte de las partículas presentan tamaños menores a 10 µm (una importante proporción con tamaños inferiores a 2.5 µm).

Las partículas antropogénicas mayoritarias contienen elementos como cobre, carbono elemental, bario, hierro, zinc, plomo y níquel; y de estos elementos químicos, las especies antropogénicas que destacan por su abundancia corresponden a partículas de cristales de sulfuros de cobre y cobre metálico esférico, carbón esférico tanto poroso como compacto, sulfatos y óxidos de bario, óxidos de hierro de formas esféricas y aleaciones de hierro de formas irregulares, óxidos de zinc de formas esféricas y aciculares (como agujas), cristales y esferas de plomo metálico, esferas de óxidos de plomo, cromatos de plomo en agregados aciculares, y níquel metálico esférico.

De forma minoritaria se encontraron otras partículas con elementos como vanadio, estaño, cerio, tungsteno, zirconio, fósforo, arsénico y estroncio; y entre las especies de estos elementos químicos, destacan partículas de vanadio-níquel de formas esféricas, esferas de estaño metálico, formas irregulares de tungsteno metálico, fosfatos de calcio de formas esféricas, óxidos de zirconio y de cerio de formas irregulares, cristales octaédricos de trióxido de arsénico y cristales prismáticos aciculares de carbonato de estroncio.

De todas las partículas encontradas en la Zona Industrial, sólo las partículas de carbón de morfología esferoidal y porosa presentan tamaños mayores de 10 µm (originadas de la quema de combustóleo según fue determinado en partículas similares de la ciudad de San Luis Potosí, lo cual se detallará más adelante).

En la Zona Centro encontramos que también están presentes la gran mayoría de las partículas encontradas en la Zona Industrial, lo anterior se debe a que las direcciones dominantes de los vientos transportan la contaminación atmosférica de la Zona Industrial hacia la Zona Centro; y además, en esta zona existen partículas de carbono elemental que son originadas por el intenso tránsito vehicular, las cuales consisten en agregados de partículas esféricas menores a 5 µm .

Para la ciudad de Querétaro, la Zona Industrial es el foco principal de emisiones de partículas contaminantes, que por su composición y tamaño, representan un riesgo para la población.

En el siguiente capítulo se describirán de manera global e ilustrativa los diversos tipos de partículas encontrados, conjuntamente con los tipos de partículas encontradas en los otros sitios de estudio.

El tipo de información generada en esta investigación para la ciudad de Querétaro, fue una aportación científica novedosa, y al someterla a evaluación para concurso, resultó galardonada con el tercer lugar en el Área de Ciencias Exactas y Ambientales con el trabajo: "Caracterización por SEM-EDS de aeropartículas antrópicas de la fracción respirable en la ciudad de Querétaro y su relación con fuentes contaminantes"; cuya distinción fue otorgada por la Universidad Autónoma de Querétaro y el Gobierno del Estado de Querétaro (Premio "Alejandrina Gaitán de Mondragón"), en octubre de 2008.

7.2 Zona Metropolitana del Valle de México

La ZMVM es una región extraordinariamente compleja por su enorme extensión, la multitud de actividades industriales, así como el intenso tránsito vehicular; lo cual en conjunto, ha provocado que esta región sea una de las más contaminadas del mundo, y por tanto, mucho más difíciles de estudiar si no se cuenta con antecedentes de estudios de partículas atmosféricas antropogénicas, como los que desarrollamos en las ciudades de San Luis Potosí y de Querétaro.

Los resultados más sobresalientes de las investigaciones realizadas en la Universidad Autónoma de San Luis Potosí, en colaboración con el Centro de Ciencias de la Atmósfera de la Universidad Nacional Autónoma de México fueron los siguientes:

En términos generales los resultados revelaron que las partículas atmosféricas antropogénicas son más abundantes en la región norte de la ZMVM, lo cual está asociado a la intensa y numerosa gama de actividades industriales desarrolladas; particularmente en la zonas de Xalostoc y Tlalnepantla, encontramos el mayor número de especies antropogénicas.

En general, por las características morfológicas y de composición de las partículas, las principales fuentes de emisión se relacionan con las industrias metálicas básicas, actividades de pailería y con el desgaste de estructuras expuestas a la intemperie. La distribución espacial de estas fases se acentúa en la zona norte y centro de la ZMVM, que es donde se localizan las áreas industrializadas y comerciales, respectivamente.

Las partículas más abundantes resultaron aquellas en donde los elementos químicos dominantes corresponden a hierro, plomo, bario y carbón, los cuales constituyen diversas especies.

Para el caso de las partículas con hierro, en las zonas de Xalostoc y Tlalnepantla predominan partículas de óxidos de formas esféricas; mientras que otras partículas de formas irregulares de hierro metálico y en aleaciones, están presentes tanto en las zonas industriales ubicadas al norte, así como en las zonas de elevado tránsito vehicular al centro y sur de la Ciudad de México.

Al observar la distribución de partículas de óxidos de plomo en la ZMVM, resulta muy interesante que estas partículas son más abundantes en zonas en donde no se ubican industrias, pero que presentan un intenso tránsito vehicular, como son la Zona Centro y al sur de la Ciudad de México; mayormente se trata de aglomerados de partículas finas $PM_{2.5}$, y PM_1 si se considera el tamaño individual de las partículas. Contrariamente, otras partículas constituidas por cromatos de plomo, predominan en la Zona Industrial ubicada en Xalostoc.

En el caso de las partículas de bario, éstas se presentan como sulfatos de bario de apariencia mineral (barita), pero de evidente abundancia relativa elevada, sobre todo hacia las zonas industriales.

Otro caso muy significativo corresponde a las partículas de carbón, las cuales a grandes rasgos comprenden dos tipos de partículas: partículas finas (PM2.5) y partículas gruesas con azufre (PM10); en donde comparativamente la morfología y la composición química resultan muy distintas, además de la zona en donde predominan. Las partículas finas de carbón son más abundantes en zonas de elevado tránsito vehicular; mientras que las gruesas, son más abundantes en zonas con intensa actividad industrial. Para el caso de las partículas gruesas, el origen de su formación es el resultado de la quema de combustóleo, lo cual fue determinado en las investigaciones realizadas para la ciudad de San Luis Potosí.

También resultó significativo el encontrar partículas esféricas de fosfatos de calcio cuya forma es muy distinta al fosfato de calcio mineral conocido como apatita. Estas partículas esféricas predominan en la zona industrial ubicada en Xalostoc y son idénticas a las que se encontraron en las zonas industriales de las ciudades de San Luis Potosí y de Querétaro, en donde fue determinado también dentro de estas investigaciones, que estas partículas se originan durante la reutilización del aceite automotriz usado, por aquellas industrias que lo emplean como combustible.

Desde luego que, por la enorme gama de actividades industriales, se encontraron muchas otras especies constituidas por otros elementos químicos asociados a diversas emisiones antropogénicas; estas especies constituyen diversos tipos de partículas cuyos elementos químicos dominantes por orden de abundancia son: cobre, zinc, titanio, tungsteno, elementos de tierras raras, zirconio, antimonio, plata, arsénico, molibdeno, bismuto, aluminio, níquel, mercurio y manganeso; y las especies que destacan de estos elementos químicos, son partículas de cobre metálico y en aleación con zinc con morfologías irregulares y esféricas, óxidos de zinc de formas esféricas e irregulares, óxidos de titanio de formas esféricas, formas irregulares de tungsteno metálico, formas esféricas y cristalinas de óxidos de cerio y lantano, silicatos de zirconio de formas prismáticas (zircón), cristales octaédricos de trióxido de antimonio y de arsénico, sulfuro de molibdeno en placas hexagonales (molibdenita), formas irregulares de aluminio y óxidos de aluminio, bismuto metálico; y esferas de níquel-vanadio metálicos, sulfuro de mercurio y óxidos de manganeso.

A pesar de que la zona sur es considerada como la parte menos contaminada de la ZMVM, en esta región también se localizaron partículas con contenidos de elementos pesados, lo que hace evidente que el problema de la contaminación del aire está influenciado por factores meteorológicos, siendo la intensidad, dirección y campo de los vientos de los parámetros más importantes, ya que ocasionan que los contaminantes viajen o se trasladen en la atmósfera generando impactos a nivel regional, como es el caso de la zona sur del Valle de México.

A través del estudio granulométrico realizado por microscopía electrónica de barrido, encontramos que del total de partículas antropogénicas analizadas, más de las tres cuartas partes presentan tamaños menores a 5.0 µm y de éstas una importante porción está en la fracción PM2.5. Las fases con contenidos de metales (Fe, Ba, Pb, Cu, Ti, entre otros) presentaron mayor abundancia en la fracción menor a 5.0 µm, lo cual es preocupante por la posibilidad de causar severos daños en la salud (alergias, enfermedades respiratorias, inflamación pulmonar e incluso cáncer de pulmón).

En el siguiente capítulo, los diversos tipos de partículas serán descritos ilustrativamente de manera global y conjunta considerando todos los sitios estudiados.

7.3 Ciudad de Colima, México

Recordemos que esta ciudad se caracteriza por presentar contaminación natural de origen volcánico, en donde además de la emisión de partículas, también están presentes las emisiones de dióxido de azufre; en donde estas últimas, promueven la formación de partículas secundarias, y que también es favorecido por la elevada humedad relativa de la costa y los aerosoles marinos. También existe una importante actividad agrícola, en donde los incendios intencionales como la quema de la caña (zafra), generan contaminación que comprenden desde partículas sólidas de residuos originados por la quema de combustóleo, hasta cenizas y residuos de materia orgánico-biológica.

Las investigaciones fueron desarrolladas conjuntamente con el Centro Universitario de Investigaciones en Ciencias de la Atmósfera, de la Universidad de Colima.

Los resultados más relevantes mostraron que entre las partículas más abundantes corresponden a partículas de carbón generadas de la actividad agrícola; como son partículas inicialmente de origen natural pero que fueron desprendidas durante la combustión, especialmente residuos de insectos y plantas, así como polen y esporas. Un tipo peculiar de desechos de insectos (especie leafhoppers Cicadelliae) que fueron encontrados, son los conocidos como brochosomas (Wittmaack, 2005), los cuales presentan tamaños menores a 0.5 µm y una estructura hexagonal-pentagonal formando unidades esféricas (como un balón de futbol). Se observan otras partículas esféricas de carbón asociadas a azufre que probablemente correspondan a fases secundarias generadas por la reacción de partículas carbonosas con el dióxido de azufre volcánico; así como otras partículas de carbón porosas con azufre y vanadio, que se generan durante la quema de combustóleo. Existen otras partículas esféricas de carbón de textura lisa y compacta de tamaños inferiores a 5 µm con contenidos traza de cloro y silicio en su composición química, y aunque su origen podría estar relacionado también con los incendios agrícolas, durante un episodio de emisiones volcánicas se generaron este tipo de partículas de carbón (16 de enero de 2007).

Otro tipo de partículas abundantes corresponde a óxidos de hierro de morfología esférica, así como partículas minerales de ilmenita (óxido de hierro-titanio, $FeTiO_3$) de 5-10 µm (origen volcánico). Se encontraron otras partículas de origen natural (mineral) que corresponden a sulfato de bario conocido como barita, y que se asocia a emisiones volcánicas (Obenholzner y col., 2003).

También están presentes partículas de óxidos de silicio y de silicio-aluminio de morfología esférica originada por procesos de alta temperatura.

Otro tipo corresponde a partículas con óxidos de silicio-aluminio-sodio-calcio, probablemente originadas por la combustión provocada en incendios agrícolas (Hays y col., 2005); éstas presentan tamaños menores a 2 µm.

También es característico de la región las partículas de cloruro de sodio (aerosol marino) que presentan formas cristalinas con tamaños entre 5 y 10 µm.

Se encontraron también partículas esféricas de fosfatos de calcio que son originadas durante la combustión de aceites reutilizados por industrias (Aragon y col., 2006), la mayoría con tamaños menores a 2 µm, y del mismo tipo que se encontraron en las ciudades de San Luis Potosí y Querétaro, y en la Zona Metropolitana del Valle de México.

También observamos partículas de sulfatos de calcio (yeso, $CaSO_4 \cdot 2H_2O$) y partículas de carbonatos de calcio (calcita, $CaCO_3$), ambos grupos de origen natural; también partículas antropogénicas de esta composición pero de tamaño ultrafino (<1.0 µm) y asociadas con elementos traza como cloro y azufre formando aglomerados, cuya agregación resulta favorecida por la elevada humedad relativa del aire; en donde su origen puede ser de formación secundaria resultante de la interacción entre las partículas de yeso con iones cloro del aerosol marino o con partículas generadas de los incendios agrícolas.

Otras partículas de mucho menor abundancia corresponden a sulfatos y óxidos de plomo de morfología esferoidal, así como óxidos de cobre y partículas de vanadio-níquel, cuyos tamaños se encuentran entre 5 y 10 µm; estas partículas podrían estar relacionadas con procesos industriales que se desarrollan al oeste y suroeste del estado de Colima, cuyas emisiones generadas también comprenden la combustión de productos petroquímicos (aceites para uso industrial); o tal vez, algunos de estos elementos pesados podrían estar asociados a las exhalaciones volcánicas.

7.4 Ciudad de Barcelona, España

Esta ciudad, como se mencionó anteriormente, además de estar caracterizada por su gran actividad industrial, amplio uso de material calizo para la construcción, e intenso tránsito vehicular terrestre y marítimo-portuario; que en conjunto generan una gran cantidad de emisiones; además existen otros aportes como el aerosol marino y partículas de polvo atmosférico natural proveniente del Desierto del Sahara. Toda esta contaminación por partículas resulta también alterada por la alta humedad relativa, y la presencia de gases generados por la quema de combustibles; lo cual da lugar a la formación de partículas secundarias. El muestreo se realizó en una zona urbana afectada por este tipo de contaminación tan particular.

El trabajo de investigación fue realizado en colaboración con el Instituto de Ciencias de la Tierra "Jaume Almeda" del Consejo Superior de Investigación Científica, ubicado en Barcelona, España.

Los resultados más relevantes fueron los siguientes:

Las partículas atmosféricas antropogénicas más recurrentes están constituidas por especies en donde los elementos químicos dominantes de cada una corresponden a hierro, carbón y calcio. Las especies que destacan son las siguientes:

Para el caso de las partículas con hierro, éstas corresponden mayormente a óxidos de hierro de morfología esférica, aunque también se observan formas irregulares metálicas de hierro o como hierro-cromo.

Las partículas antropogénicas de carbón son abundantes, y observamos en ellas partículas esféricas porosas con presencia de azufre (del mismo tipo que se encontraron en las ciudades mexicanas estudiadas) y que están asociadas a la quema de combustóleo; y además, están presentes partículas finas PM2.5 de carbón elemental esférico formando aglomerados, así como PM1 si se considera el tamaño individual de las partículas; estas partículas finas están asociadas a las emisiones del tránsito vehicular, y se observó que su cantidad se incrementa durante la temporada invernal.

Otro hecho interesante observado fue la abundancia de partículas de sulfatos de calcio, en donde llama la atención su tamaño fino (PM10 y PM2.5) y que se presentan en aglomerados. Lo anterior indica el origen secundario de estas partículas, lo cual puede ser explicado por la abundancia de partículas de carbonatos de calcio (por actividad de la construcción) que reaccionan con el dióxido de azufre presente en la atmósfera (por el empleo de combustibles).

Aunque existen abundantes fases de silicatos naturales provenientes del Desierto del Sahara; en este caso, solamente menciono un tipo de partículas con silicio que pueden considerarse antropogénicas por sus formas esféricas generadas de procesos de altas temperaturas, y están constituidas por óxidos de silicio y óxidos de silicio-aluminio.

Por la influencia marina, se distinguen partículas de cloruro de sodio con su peculiar hábito de cristales cúbicos, y que se consideran importantes por ser partículas precursoras en la formación de partículas secundarias.

Otras especies minoritarias de origen antropogénico corresponden a partículas esféricas de cobre metálico, formas cristalinas de plomo metálico, partículas redondeadas de óxidos de zinc; y partículas metálicas irregulares de plata, níquel y tungsteno.

Encontramos también partículas con otros elementos como bario, molibdeno, titanio, estroncio, estaño, zirconio; sin embargo, estas corresponden en morfología y composición química a las especies minerales barita ($BaSO_4$), molibdenita (MoS_2), rutilo (TiO_2), celestita ($SrSO_4$), casiterita (SnO_2) y zircón ($ZrSiO_4$), respectivamente; además, ninguna de estas especies presentan una abundancia relativa alta, por lo cual, su origen debe ser natural.

En el siguiente capítulo, los diversos tipos de partículas serán descritos ilustrativamente de manera global y conjunta, considerando todos los sitios estudiados.

7.5 Cuadro comparativo entre los sitios de estudio en cuanto a los diversos tipos de partículas atmosféricas antropogénicas

En este apartado se muestran en forma de tabla las características de todos los sitios estudiados, en donde comparativamente se puede apreciar que existen tipos de partículas atmosféricas antropogénicas que son recurrentes al tipo de actividades desarrolladas, otras que son recurrentes a las características regionales de la zona, o a un tipo de actividad exclusiva del sitio. A continuación se resaltan las similitudes y diferencias más notables observadas en el cuadro comparativo.

Muchos tipos de partículas son muy recurrentes, por ejemplo, los sitios de mayor actividad industrial presentan el mismo tipo de partículas esféricas de ferritas (óxidos de hierro esféricos) y partículas de hierro metálico y aleaciones ferrosas de morfología irregular; lo anterior se observa en las ciudades de San Luis Potosí, de Querétaro, la Zona Metropolitana del Valle de México, y la ciudad de Barcelona.

En todos los sitios, las partículas de carbón derivadas de la quema de combustóleo presentan las mismas características, contienen azufre y trazas de vanadio y níquel, y son esferoidales y porosas.

Los sitios con alto tránsito vehicular presentan tipos de partículas finas de carbón semejantes formando aglomerados; lo anterior sucede preponderantemente en la ciudad de Querétaro, la Zona Metropolitana del Valle de México y la ciudad de Barcelona; en donde el uso de diesel y gasolinas son usados en los motores que impulsan el tránsito vehicular.

Las finas partículas de óxidos de plomo esféricas son recurrentes en las ciudades mexicanas con elevado tránsito vehicular según se observó en la ciudad de Querétaro y en la Zona Metropolitana del Valle de México.

Algunos tipos de partículas son muy característicos del sitio, la ciudad de San Luis Potosí presenta partículas con metales y elementos pesados derivados de su actividad minero-metalúrgica, entre los que destacan los sulfatos de plomo y trióxido de arsénico y partículas esféricas de cobre metálico; todas estas partículas presentan preponderantemente tamaños muy finos. También la abundancia de partículas de fluorita es típica de la ciudad de San Luis Potosí.

En la ciudad de Colima destacan las partículas de carbón derivadas de la actividad agrícola en donde se realiza la quema de la caña, de la cual se liberan partículas carbonosas de material orgánico. La influencia de las emisiones volcánicas originan partículas de carbón y de minerales; y además en conjunto con el ambiente marino da lugar a la formación de partículas secundarias como sulfatos de calcio.

En Barcelona existen de manera abundante partículas de sulfatos de calcio de origen secundario que se originan por la abundancia de partículas de carbonatos de calcio que reaccionan con gases precursores de partículas secundarias como el dióxido de azufre.

A continuación se muestra la tabla comparativa que incluye las características de todos los sitios estudiados y los tipos de partículas más recurrentes.

Resumen de características generales de los sitios de estudio y los tipos recurrentes de parículas atmosféricas

Sitio y características regionales	Actividades antropogénicas preponderantes	Tipos de partículas atmosféricas dominantes derivadas de las actividades antropogénicas y características naturales del sitio.
Ciudad de San Luis Potosí Clima semidesértico con lluvias en verano	Minero-metalúrgica Metal-mecánica Mediano a alto tránsito vehicular	Partículas con metales y elementos pesados: sulfatos de plomo, cobre metálico, ferritas, trióxido de arsénico, partículas metálicas de hierro y aleaciones ferrosas. Partículas derivadas de la quema de combustibles: residuos de combustóleo, fosfatos de calcio. Partículas minerales de elevada abundancia relativa: fluorita (actividad antropogénica).
Ciudad de Querétaro Clima templado con lluvias en verano	Metal-mecánica Alto tránsito vehicular	Partículas con metales pesados: sulfuros de cobre, ferritas, cobre metálico, óxidos de zinc, partículas metálicas de hierro y aleaciones ferrosas. Partículas de carbón derivadas de motores a diesel y gasolina, residuos de la quema de combustóleo. Partículas de fosfatos de calcio resultantes de la quema de aceites automotrices. Partículas de óxidos de plomo en zonas con alto tránsito vehicular.
Zona Metropolitana del Valle de México Clima templado con lluvias en verano	Metal-mecánica Alto tránsito vehicular	Partículas con metales pesados: ferritas, cobre metálico, sulfatos de bario, plomo metálico, óxidos de zinc, hierro metálico y aleaciones ferrosas. Partículas de carbón derivadas de motores a diesel y gasolina, residuos de la quema de combustóleo, fosfatos de calcio de la quema de aceites lubricantes. Partículas de óxidos de plomo en zonas con alto tránsito vehicular.
Ciudad de Colima Clima húmedo y cálido Actividad volcánica	Actividad agrícola Bajo a mediano tránsito vehicular	Partículas derivadas de la actividad agrícola por el uso de combustibles para la quema de la caña: partes de residuos y deshechos de insectos y plantas, residuos de combustóleo, fosfatos de calcio de la quema de aceites lubricantes. Partículas minerales de elevada abundancia relativa y de carbón originadas de la actividad volcánica. Partículas de origen secundario generadas en un ambiente costero.
Ciudad de Barcelona, España Clima húmedo con veranos cálidos e inviernos suaves	Elevado tránsito vehicular Elevada actividad marítimo-portuaria	Partículas de carbón derivadas del uso de diesel y gasolinas, y las originadas por la quema de combustóleo. Partículas minerales de carbonatos de calcio derivadas de actividades de construcción y demolición. Partículas secundarias de sulfatos de calcio originadas por reacciones químicas de un ambiente costero. Partículas con metales y elementos pesados: ferritas, hierro metálico y aleaciones ferrosas.

8. Descripción y clasificación general de partículas atmosféricas antropogénicas.

De acuerdo a los resultados obtenidos en cuanto a los diversos tipos de partículas atmosféricas antropogénicas, se propone una clasificación con base a la recurrencia de las partículas, la composición química y tipos morfológicos. En esta clasificación se incluyen todos los sitios estudiados, en donde se presentan diferencias en la distribución de los diversos tipos de partículas, pero también, se observan ciertas similitudes; lo cual en conjunto, permite establecer una clasificación general de las mismas.

Asimismo, se presenta un catálogo descriptivo general de las partículas atmosféricas antropogénicas, en donde primero se describen de las características de las partículas que constituyen a cada grupo, y enseguida se incluyen unas fotomicrografías que muestran los detalles morfológicos de las mismas, así como sus características individuales más sobresalientes.

8.1 ¿Cómo clasificar las partículas atmosféricas de acuerdo a la nueva información?

Si se consideran en conjunto las características y tipos de contaminación por partículas atmosféricas de todos los sitios estudiados, observamos que de acuerdo a la composición química de las partículas, de manera general existen ciertos elementos químicos contaminantes que son recurrentes, otros más que indican actividad antropogénica, y otros elementos que regularmente se presentan de manera muy ocasional; además los tipos morfológicos son característicos y están relacionados con la composición química y el proceso de formación. De acuerdo a lo mencionado con anterioridad, existen ciertas similitudes en cuanto a la presencia de ciertos tipos de partículas antropogénicas en el aire, pues las actividades antropogénicas globalmente son las mismas, sólo que están distribuidas de manera distinta de una región a otra; y son estas diferencias en la distribución de los tipos de actividades, las que establecerán los tipos de partículas dominantes de una zona determinada. Claro que independientemente de lo anterior, están las características geográficas y condiciones meteorológicas de cada región, como son las direcciones e intensidades de los vientos dominantes, lluvias, temperatura y humedad relativa, que influirán en la distribución de las partículas atmosféricas y formación de partículas secundarias.

De acuerdo a lo anterior, si se toman en cuenta las similitudes de las actividades antropogénicas de manera global y su influencia en la generación y distribución de partículas antropogénicas, propongo la siguiente clasificación:

GRUPO I. Con metales y/o elementos pesados más recurrentes.

GRUPO II. Con carbón elemental.

GRUPO III. Con elementos ligeros pero que indican actividad antropogénica.

GRUPO IV. Con otros elementos metálicos de escasa recurrencia en el aire.

GRUPO V. De compuestos precursores de partículas secundarias.

Dentro de esta clasificación, de acuerdo a la información global obtenida para todos los sitios estudiados, presento a continuación los subgrupos correspondientes a cada grupo señalado:

CLASIFICACIÓN GENERAL DE PARTÍCULAS ATMOSFÉRICAS ANTROPOGÉNICAS

GRUPO I. CON METALES Y/O ELEMENTOS PESADOS MÁS RECURRENTES

Actividad minero metalúrgica, fundición, siderúrgica, industrias de pigmentos, desgaste mecánico.

I-A. Con plomo *(sulfatos, sulfuros, metálico, óxidos, cromatos)*.
I-B. Con arsénico *(óxidos)*.
I-C. Con cobre *(sulfuros, metálico)*.
I-D. Con zinc *(sulfuro, óxidos)*.
I-E. Con hierro, cromo, níquel *(metálicos y óxidos)*.
I-F. Con bario *(sulfato)*.

GRUPO II. CON CARBÓN ELEMENTAL.

Uso y quema de combustibles, quema de biomasa.

II-A. Del combustóleo.
II-B. Del diesel y gasolinas.
II.C. De la quema de biomasa.

GRUPO III. CON ELEMENTOS LIGEROS PERO QUE INDICAN ACTIVIDAD ANTROPOGÉNICA.

Actividad minero metalúrgica, cerámica, industria del vidrio.

III-A. Fosfatos de calcio.
III-B. Sulfatos de calcio.
III-C. Óxidos de silicio y de aluminio
III-D. Fluoruro de calcio.

GRUPO IV. CON OTROS ELEMENTOS METÁLICOS DE ESCASA RECURRENCIA EN EL AIRE.

Industria del acero, industria metal-mecánica no ferrosa, industrias de pigmentos, industria cerámica.

IV-A. Molibdeno
IV-B. Tungsteno
IV-C. Titanio
IV-D. Níquel-vanadio
IV-E. Estaño
IV-F. Antimonio
IV-G. Estroncio
IV-H. Bismuto
IV-I. Plata
IV-J. Zirconio
IV-K. Tierras raras
IV-L. Mercurio

GRUPO V. DE COMPUESTOS PRECURSORES DE PARTÍCULAS SECUNDARIAS.

Derivadas de la construcción, partículas naturales.

V-A. Cloruro de sodio.
V-B. Carbonatos de calcio

8.2 Catálogo descriptivo general de partículas atmosféricas antropogénicas.

En este apartado se presenta una descripción global y detallada de los distintos tipos de partículas antropogénicas y se muestran fotomicrografías típicas de las mismas, todas obtenidas por microscopía electrónica de barrido, en donde la composición química fue determinada por microanálisis acoplado a la microscopía electrónica.

En la parte inicial del catálogo se da una descripción de los diversos tipos de partículas para cada uno de los grupos, y posteriormente se presentan las fotomicrografías correspondientes en láminas de una página, en las que se incluyen las características más sobresaliente de los diversos tipos de partículas antropogénicas.

Sobre las fotomicrografías se incluyen datos informativos como el sitio de procedencia de la partícula, la escala de tamaño en micrómetros, y se especifica la especie sobre la fotomicrografía si se incluyen varias especies en la misma lámina; es decir, como se indica a continuación:

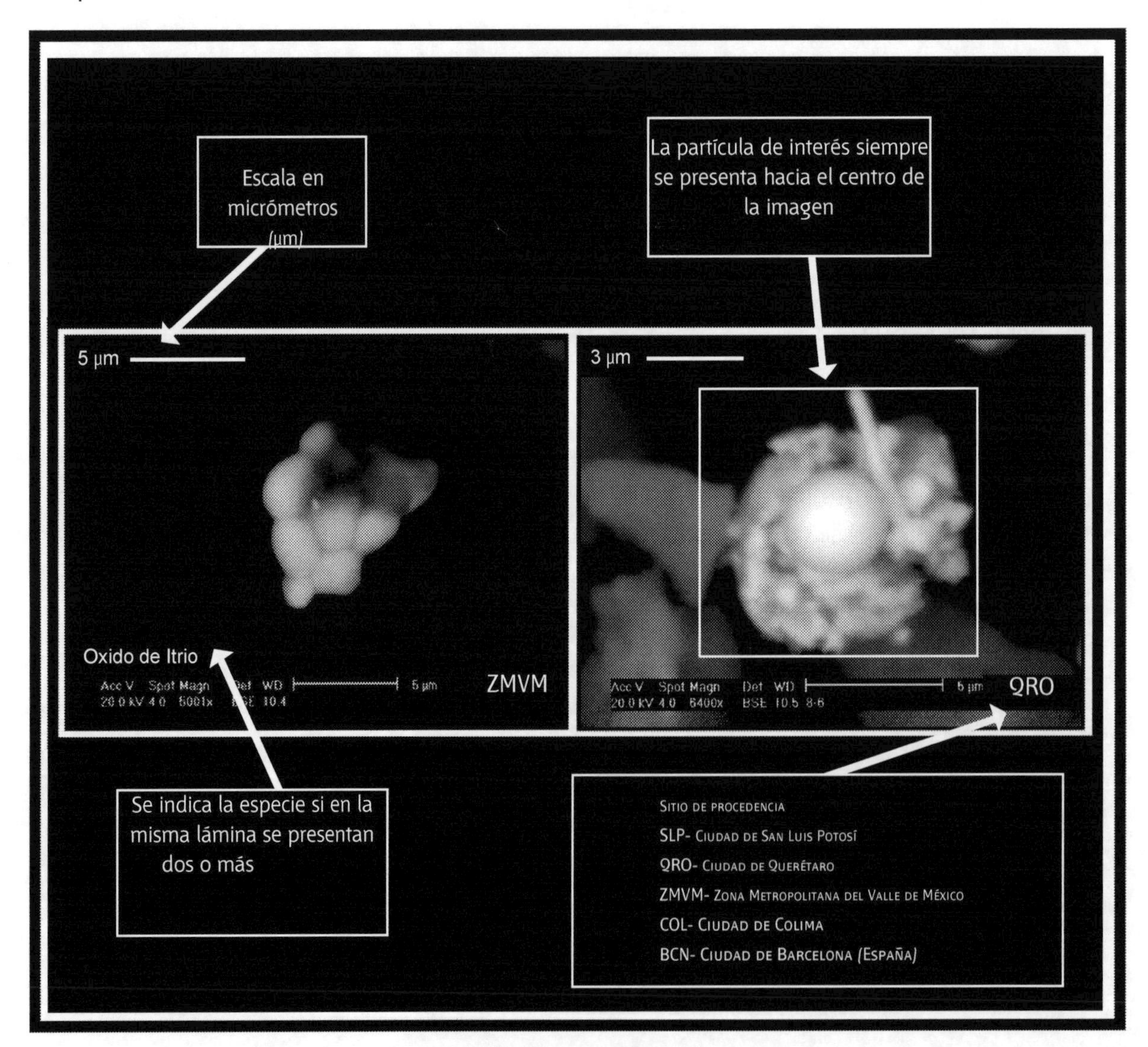

GRUPO I. PARTÍCULAS CON METALES Y/O ELEMENTOS PESADOS.

I-A. PARTÍCULAS ATMOSFÉRICAS CON PLOMO

I-A1. Sulfatos de origen minero metalúrgico.

Estas partículas con plomo son características de la ciudad de San Luis Potosí, se presentan bajo la forma de sulfatos que siempre se encuentran asociados químicamente a otros elementos pesados como cobre, zinc, hierro, arsénico y cadmio en la misma fase del sulfato, en proporciones variables. Estos sulfatos mantienen la estructura del compuesto $PbCu_4(SO_4)(OH)_6 \cdot 3H_2O)$, de acuerdo a estudios realizados por microscopía electrónica de transmisión (Aragón y col., 2002). Estas partículas son el resultado de la reacción química de las partículas primarias emitidas por refinerías de plomo, con el dióxido de azufre (SO_2) y humedad contenidos el aire circundante de esos sitios, lo que da lugar a la formación de estas partículas secundarias. Además de estas partículas, pueden formarse otros sulfatos del tipo de las jarositas; en este caso, plumbojarosita ($PbFe_6(SO_4)4(OH)_{12}$).

Las partículas con elementos pesados constituyen las principales emisiones a la atmósfera de las refinerías de plomo-zinc-cobre. Estas emisiones se generan directamente de los procesos involucrados, como son la liberación de dióxido de azufre y partículas a partir de los concentrados de plomo-cobre-zinc durante la calcinación.

Los calcinadores, hornos de fundición, y convertidores son fuentes generadoras de partículas y óxidos de azufre. Óxidos de cobre y hierro son los constituyentes primarios de las partículas generadas, pero también otros óxidos como los de arsénico, antimonio, cadmio, plomo y zinc, pueden estar presentes, así como también los sulfatos de los metales y vapores de ácido sulfúrico.

Sitio: Ciudad de San Luis Potosí.

I-A2. Sulfuros de plomo

Presentan una abundancia relativa mayor en sitios en donde se desarrollan actividades del tipo minero metalúrgico. Los sulfuros más característicos corresponden a partículas minerales de galena (PbS).

Sitio: Ciudad de San Luis Potosí.

I-A3. Plomo metálico

Las partículas se originan del reciclado de plomo, a partir de baterías usadas, por condensación de vapores; estas partículas presentan generalmente caras desarrolladas o cristales de hábito cúbico.

Sitios: Ciudades de San Luis Potosí y de Querétaro.

I-A4. Óxidos de plomo

La presencia en el aire de estas partículas ricas en plomo se relaciona con emisiones fugitivas de actividades dedicadas a la industria metálica básica (industria del hierro y de materiales no ferrosos), las fundidoras y las centrales eléctricas. Sin embargo, en los últimos años se han estudiando las emisiones que generan los vehículos automotores y se ha evidenciado que éstos son una fuente de partículas ricas en plomo, ya que se sugiere la presencia de concentraciones traza en combustibles como la gasolina y aún mayores en el diesel, este último es ampliamente utilizado por los vehículos de transporte público y de carga pesada; además la utilización de aditivos para modelos de autos antiguos también podría ser la fuente de estas partículas (Cook y Jonson, 1997). Estudios realizados en Nuevo México (Root, 2000) demostraron que los pesos de plomo que se colocan en las llantas de los automóviles, con el paso de tiempo se van desgastando y generan finas partículas de plomo que se depositan en las carreteras y son resuspendidas por acción de los vientos o por la misma carga vehicular de las grandes avenidas. Estudios muy completos realizados en Wisconsin y Colorado (Schauer y col., 2006) demostraron que el desgaste de frenos y llantas, las emisiones del escape de vehículos a gasolina y diesel, y la resuspensión de polvos depositados en vías con altos niveles de tránsito vehicular, generan la presencia de partículas de plomo en el ambiente con tamaños entre 1 y 7 µm principalmente. En la Ciudad de México se han realizado estudios de polvos depositados en sitios cerrados con alta afluencia vehicular y se detectaron concentraciones de plomo de entre 500 y 700 mg/kg (Flores y col., 2002). Existen más trabajos de investigación científica que se han enfocado a determinar el aporte de plomo y otros metales pesados al ambiente por emisiones vehiculares (Diouf y col., 2003; Divrikli y col., 2003; De Miguel y col., 1997; Colandini y col., 1995).

Las emisiones de óxidos de plomo también se han relacionado al uso de gasolinas de aviones y combustibles como petróleo residual, petróleo destilado, petróleo crudo, carbón y madera; este tipo de combustibles se utilizan en refinerías, empresas químicas, calentadores industriales, maquinaria pesada e ingenios azucareros; es decir, en procesos que involucran incineraciones a alta temperatura (Cook y Jonson, 1997). Otra posible fuente son las empresas cementeras cuyas emisiones ricas en plomo dependen de la materia prima utilizada así como los combustibles y la preparación del cemento; en muestras generadas por las vitalizadoras de neumáticos y producción de plásticos también se han encontrado fases de plomo (Cook y Jonson, 1997).

Relacionando los hallazgos científicos con la cantidad de partículas que se encontraron en la ZMVM (Labrada, 2007), se puede considerar que las emisiones vehiculares podrían ser la principal fuente generadora de las diferentes partículas ricas en plomo, ya que en áreas como zona centro y al sur de la Ciudad de México, no se registran establecimientos industriales; sin embargo, están consideradas por la Secretaría de Trasporte y Vialidad como zonas en las que se realizan la mayor cantidad de viajes de los medios de transporte del Valle de México (PITV, 2002).

Generalmente éstas partículas de óxidos de plomo se presentan como esferas que forman conglomerados, si bien el tamaño de los conglomerados puede oscilar entre 1 y 5 µm, cada una de las partículas constituyentes es del orden de 400 nm en promedio.

Además de los hallazgos con respecto a estas partículas para las zonas centro y sur de la Ciudad de México, también encontramos el mismo tipo de partículas para la zona centro de la ciudad de Querétaro (Gasca, 2007); lo cual constata la presencia de estas partículas en zonas que presentan un elevado tránsito vehicular.

Sitios: Zona Metropolitana del Valle de México (ZMVM) y ciudad de Querétaro.

I-A5. Cromatos de plomo

La asociación de plomo y cromo se puede relacionar a la fase mineral de crocoita ($PbCrO_4$) que es una especie utilizada para la fabricación de pinturas y pigmentos.

Las partículas son del tipo acicular (como agujas) y se presentan en agregados. En caso de ZMVM, estas partículas fueron detectadas en una zona industrial ubicada en la parte norte, en donde existe un taller de pintura de una importante industria automotriz.

Los cromatos de plomo se han utilizado ampliamente en los pigmentos para recubrimiento de automóviles, ya sea en el acabado final o bien en los imprimadores epóxicos (recubrimiento inicial). Este compuesto también ha estado presente históricamente en la pintura amarilla que se utiliza para marcar las líneas de tránsito (Watkins y col., 2001). Se debe considerar también que anteriormente el plomo formaba parte de las pinturas aplicadas en exteriores y aunque actualmente ya no se fabrican recubrimientos con plomo, en la Ciudad de México existen gran cantidad de edificaciones antiguas en claro estado de deterioro que podrían ser generadores de estas partículas en el aire. Otra posible fuente antropogénica generadora de este tipo de partículas en el aire se puede atribuir a la industria textil (INE, 2005).

Sitios: Ciudad de Querétaro y ZMVM

I-A. PARTÍCULAS CON PLOMO

I-A1. SULFATOS DE PLOMO

$PbCu_4(SO_4)(OH)_6 \cdot 3H_2O$

TIPO DE ORIGEN:

Procesos minero-metalúrgicos de refinerías de plomo-zinc-cobre.

DESCRIPCIÓN:

Aglomerados constituidos por finas partículas globulares menores de 300 nanómetros.

Generalmente contiene también zinc, cadmio, hierro, arsénico y antimonio.

SITIO:

Ciudad de San Luis Potosí.

I-A. PARTÍCULAS CON PLOMO

I-A1. SULFATOS DE PLOMO *(continuación)*

$PbCu_4(SO_4)(OH)_6 \cdot 3H_2O$

TIPO DE ORIGEN:
Procesos minero-metalúrgicos de refinerías de plomo-zinc-cobre.

DESCRIPCIÓN:
Aglomerados constituidos por finas partículas globulares menores de 300 nanómetros. Generalmente contiene también zinc, cadmio, hierro, arsénico y antimonio.

SITIO:
Ciudad de San Luis Potosí.

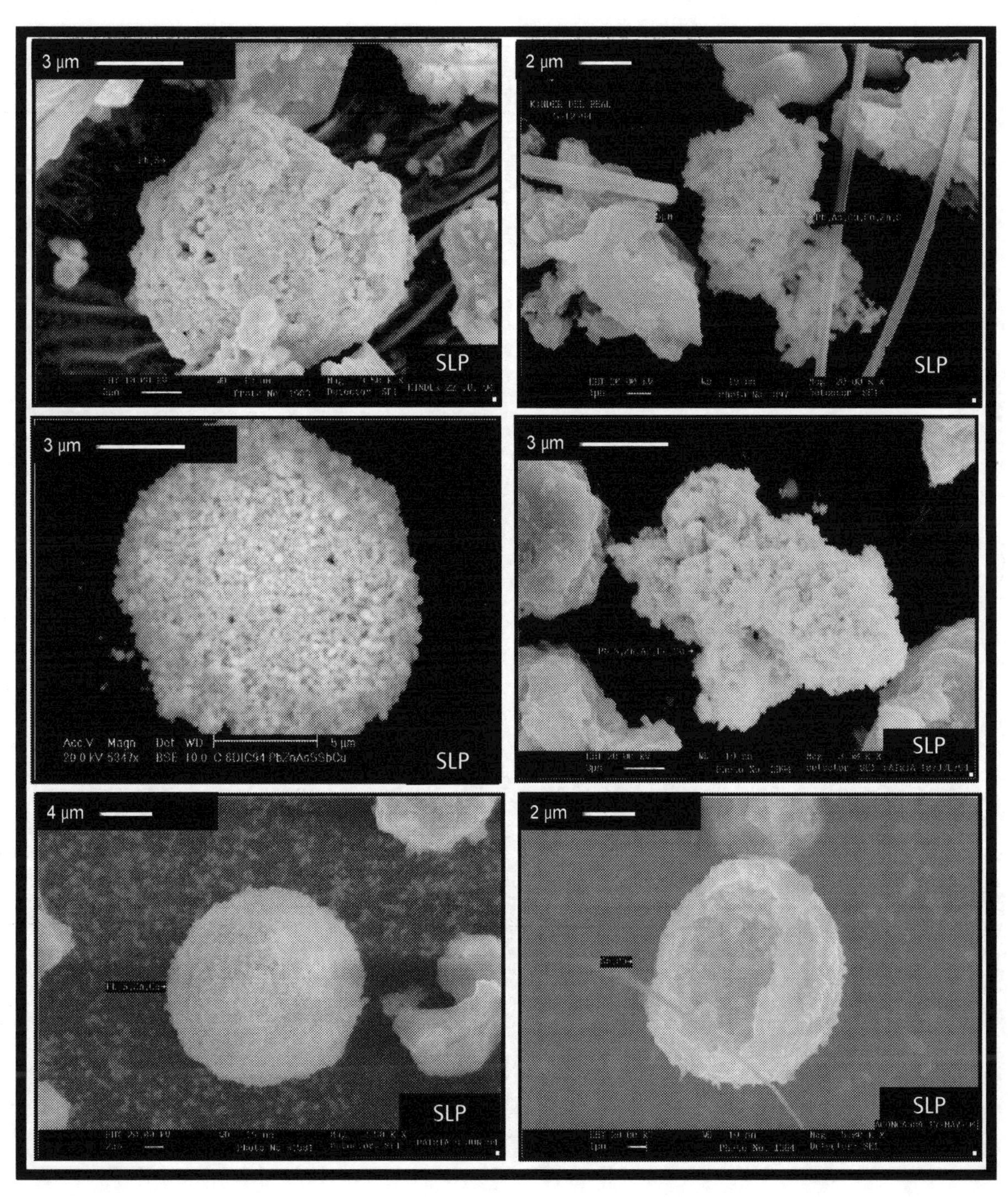

I-A. PARTÍCULAS CON PLOMO

I-A1. SULFATOS DE PLOMO *(continuación)*
$PbCu_4(SO_4)(OH)_6 \cdot 3H_2O$ y
Plumbojarosita $(PbFe_6(SO_4)_4(OH)_{12})$

TIPO DE ORIGEN:
Minero-metalúrgico de refinería de plomo-zinc-cobre.

DESCRIPCIÓN:
Aglomerados constituidos por finas partículas globulares menores de 300 nanómetros.
Generalmente contiene también zinc, cadmio, hierro, arsénico y antimonio.

SITIO:
Ciudad de San Luis Potosí.

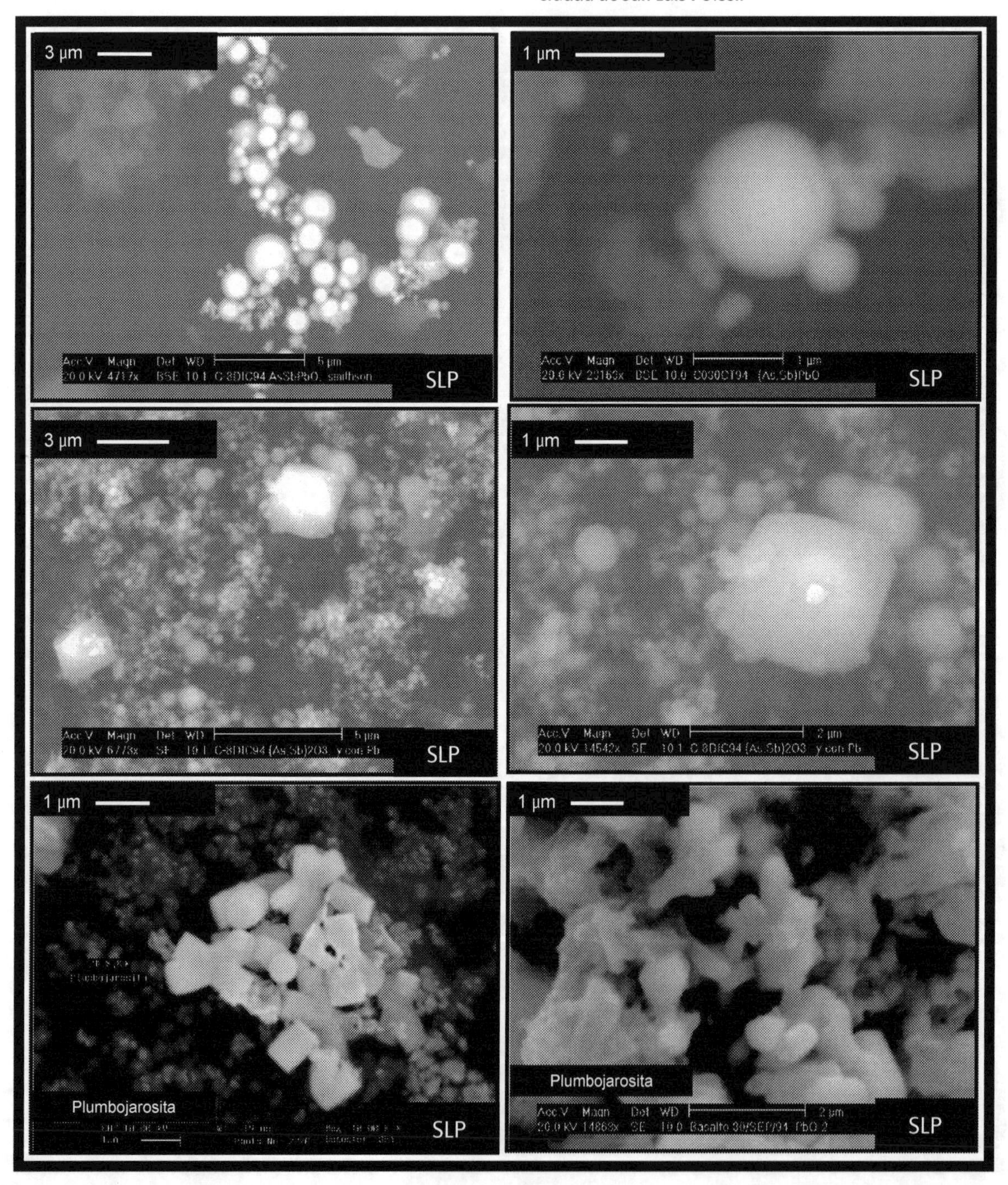

I-A. PARTÍCULAS CON PLOMO

I-A2. SULFURO DE PLOMO

PbS (misma composición del mineral conocido como GALENA)

TIPO DE ORIGEN:

Minero-metalúrgico: procesamiento de mineral y transporte a largo alcance

DESCRIPCIÓN:

Partículas minerales de galena con ángulos y clivajes característicos. Consideradas antropogénicas por su posible procedencia de plantas concentradoras del mineral.

SITIOS:

Ciudades de San Luis Potosí, Querétaro y ZMVM

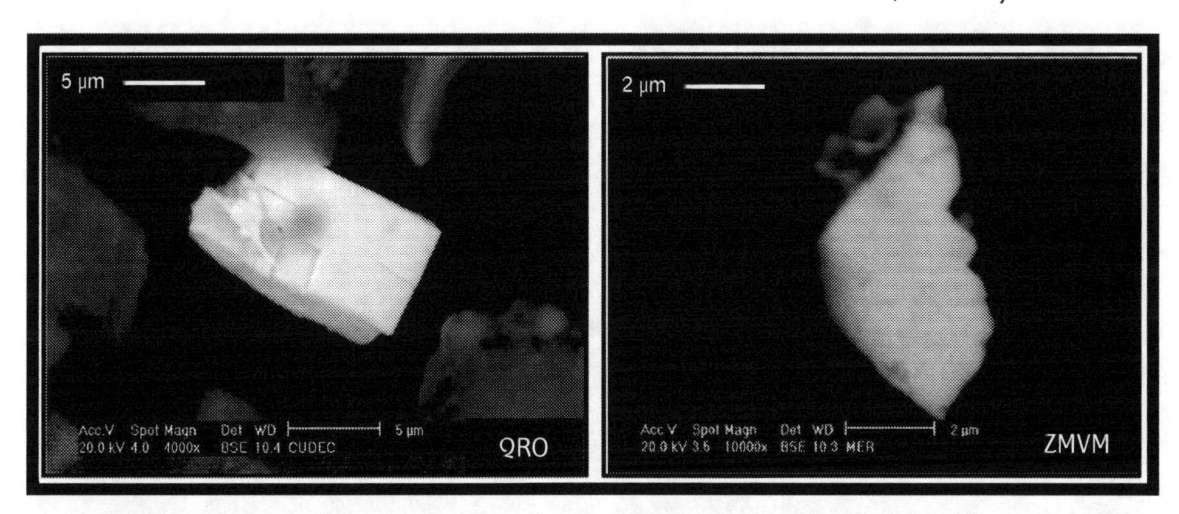

I-A3. PLOMO METÁLICO

TIPO DE ORIGEN:

Reciclado de plomo (baterías)

DESCRIPCIÓN:

Partículas de plomo metálico con caras desarrolladas

SITIOS:

Ciudades de San Luis Potosí y de Querétaro.

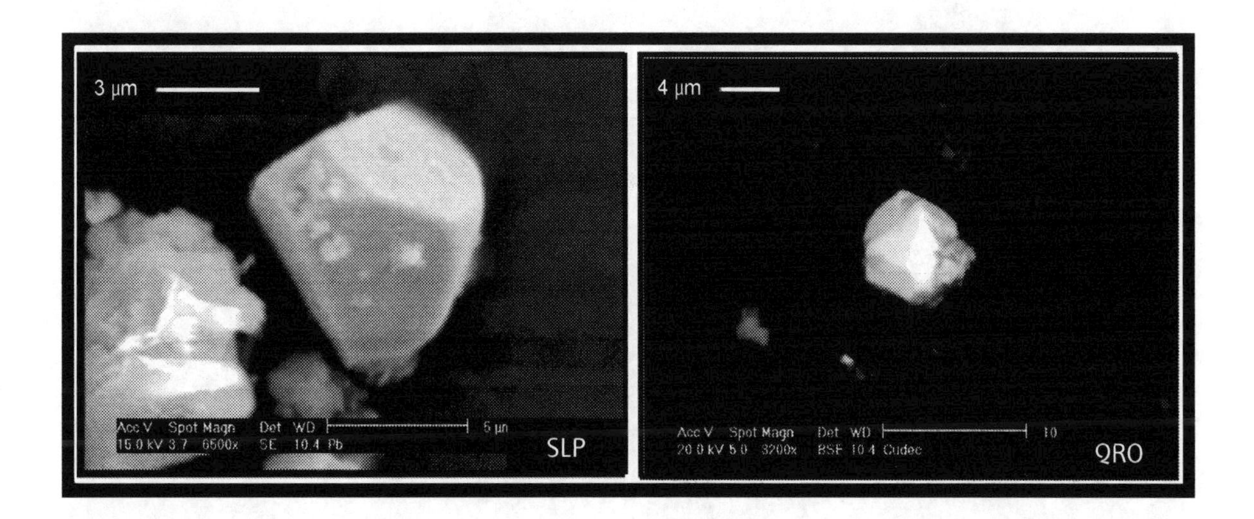

I-A. PARTÍCULAS CON PLOMO

I-A3. PLOMO METÁLICO

TIPO DE ORIGEN:
Posiblemente de la condensación de vapores durante el reciclado de plomo.

DESCRIPCIÓN:
Partículas metálicas de plomo metálico con hábito cúbico.

SITIO:
ZMVM.

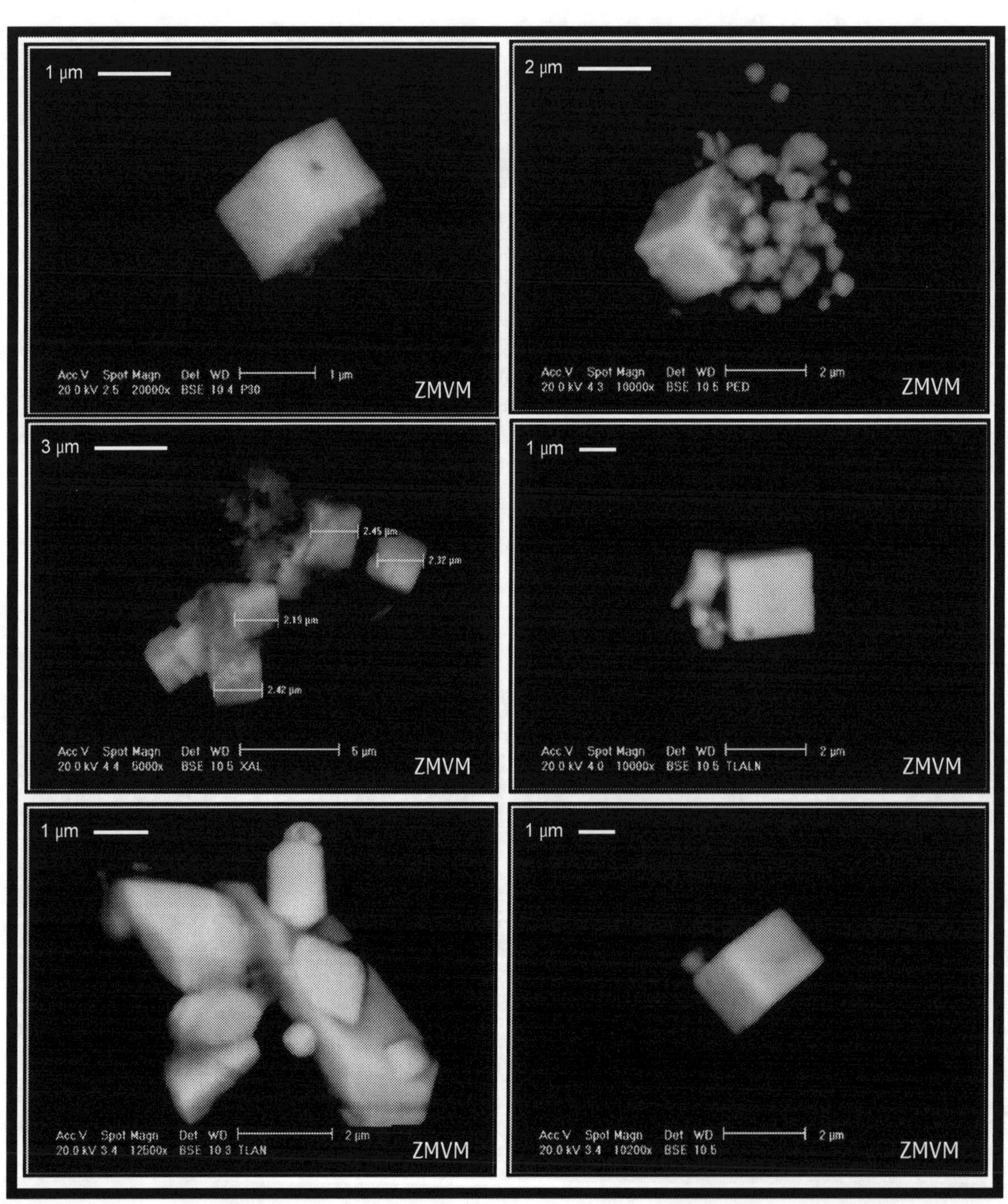

I-A. PARTÍCULAS CON PLOMO

I-A4. ÓXIDOS DE PLOMO

TIPO DE ORIGEN:
Presentes en sitios con intenso tránsito vehicular, originadas posiblemente del desgaste del plomo utilizado para el balanceo del rodamiento de llantas automotrices.

DESCRIPCIÓN:
Partículas de óxidos de plomo esféricas, individuales y en aglomerados.

SITIOS:
ZMVM, Ciudad de Querétaro.

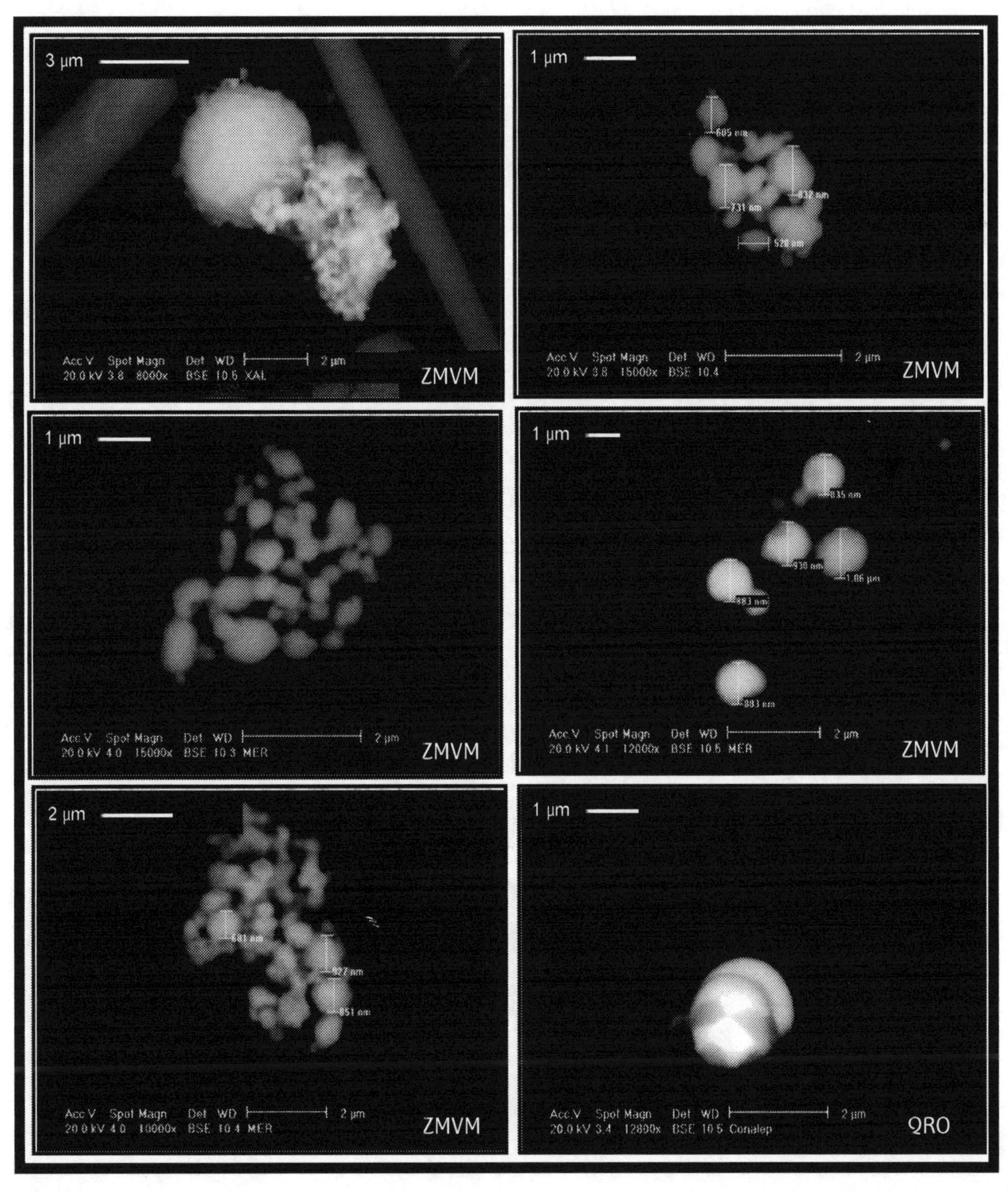

I-A. PARTÍCULAS CON PLOMO

I-A5. CROMATO DE PLOMO

$PbCrO_4$

TIPO DE ORIGEN:

Empresas de pigmentos o talleres de pintura en donde se produce o emplea este pigmento de color amarillo.

DESCRIPCIÓN:

Aglomerados de partículas aciculares (como agujas).

SITIOS:

Ciudad de Querétaro y ZMVM.

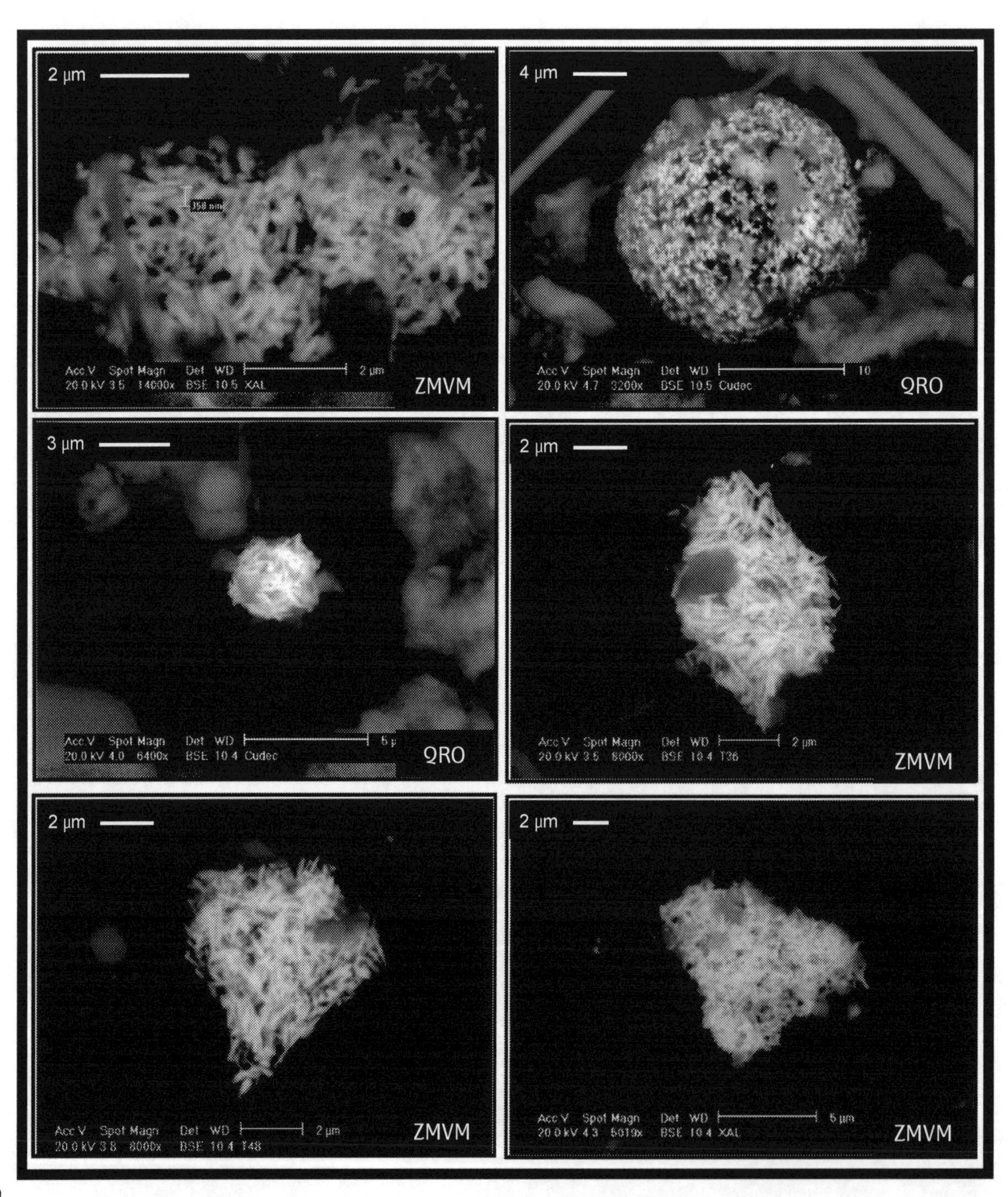

GRUPO I. PARTÍCULAS CON METALES Y/O ELEMENTOS PESADOS. (Continuación)

I-B. PARTÍCULAS ATMOSFÉRICAS CON ARSÉNICO

I-B. Trióxido de arsénico

La presencia de partículas de trióxido de arsénico (As_2O_3) en el aire, generalmente está relacionada con la actividad minero metalúrgica desarrollada en refinerías de cobre, como ha sido el caso de la ciudad de San Luis Potosí, en donde las partículas generadas poseen tamaños por lo regular menores de 2 micrómetros y frecuentemente contienen antimonio en su composición química (Aragón, 1999; Aragón y col., 2000).

En las refinerías de cobre se producen efluentes gaseosos a elevadas temperaturas, que al ser emitidos al aire, puede ocurrir una condensación de vapores y las partículas generadas quedan suspendidas en el aire; la presencia de este tipo de partículas, revela que los sistemas controladores de emisiones no son eficientes.

Los precipitadores electrostáticos son ampliamente usados en las refinerías de cobre para controlar la emisión de partículas de calcinadores, hornos de fundición y convertidores. Muchos de los precipitadores electrostáticos existentes operan a elevadas temperaturas, generalmente de 200 a 340°C. Si éstos son diseñados y operados apropiadamente, alcanzan a eliminar el 99% o más de las partículas que se condensan, que provienen de los efluentes gaseosos. Sin embargo a estas temperaturas, una significativa cantidad de emisiones volátiles, como el trióxido de arsénico, están presentes como vapor en el efluente gaseoso, por lo cual, las emisiones gaseosas no pueden ser recolectadas por los dispositivos controladores de emisión de partículas a temperaturas elevadas, ya que el trióxido de arsénico en estado de vapor pasará a través del precipitador electrostático. Entonces, la corriente de gas a ser tratada, deberá enfriarse lo suficientemente para tener la seguridad de que la mayoría del trióxido de arsénico se condense antes de entrar al precipitador electrostático. En algunas fundiciones, las corrientes de gas son enfriadas a una temperatura de alrededor de 120°C antes de entrar al precipitador electrostático.

Sitio: Ciudad de San Luis Potosí.

De manera muy ocasional, también encontramos el mismo tipo de partículas en la ciudad de Querétaro y en la ZMVM, probablemente debido al transporte eólico de largo alcance desde una refinería de cobre; o tal vez por actividades relacionadas con la minería que se desarrollan en menor grado en la ZMVM.

I-B. PARTÍCULAS CON ARSÉNICO

TRIÓXIDO DE ARSÉNICO

As_2O_3 ó $(As, Sb_2)O_3$

TIPO DE ORIGEN:

Minero-metalúrgico en refinerías de cobre, resultantes de la condensación de vapores durante el refinamiento de cobre.

DESCRIPCIÓN:

Partículas de cristales octaédricos y piramidales.
Con frecuencia presentan antimonio en su composición química.

SITIO:

Ciudad de San Luis Potosí.

I-B. PARTÍCULAS CON ARSÉNICO

TRIÓXIDO DE ARSÉNICO *(continuación)*
As_2O_3 ó $(As, Sb_2)O_3$

TIPO DE ORIGEN:
Minero-metalúrgico en refinerías de cobre, resultantes de la condensación de vapores durante el refinamiento de cobre.

DESCRIPCIÓN:
Partículas de cristales octaédricos y piramidales.
Con frecuencia presentan antimonio en su composición química.

SITIO:
Ciudad de San Luis Potosí.

I-B. PARTÍCULAS CON ARSÉNICO

TRIÓXIDO DE ARSÉNICO *(continuación)*
As_2O_3 ó $(As, Sb_2)O_3$

TIPO DE ORIGEN:
Minero-metalúrgico de refinería de cobre, resultantes de la condensación de vapores durante el refinamiento de cobre.

DESCRIPCIÓN:
Partículas de cristales octaédricos y piramidales.
Con frecuencia presentan antimonio en su composición química.

SITIO:
Ciudad de San Luis Potosí.

GRUPO I. PARTÍCULAS CON METALES Y/O ELEMENTOS PESADOS. (Continuación)

I-C. PARTÍCULAS ATMOSFÉRICAS CON COBRE

I-C1. Cobre metálico

La procedencia de estas partículas también está relacionada con la condensación de vapores en la atmósfera emitidos por refinerías de cobre. Hemos encontrado estas partículas, de manera significativa, en la ciudad de San Luis Potosí (Aragón, 1999).

En las refinerías de cobre, los concentrados y los productos de fusión de sulfuros de cobre experimentan severas condiciones durante el proceso de fundición (Jokilaakso y col., 1998). Estos cambian continuamente su apariencia externa antes de alcanzar la escoria en la superficie del tanque de sedimentación. La formación de partículas esféricas es un indicador de la fusión de minerales sulfurosos bajo condiciones oxidantes. Muchos materiales tienden a adquirir formas esféricas bajo severas condiciones de oxidación. Materiales muy reactivos se funden a relativamente bajas temperaturas (<700°C) y conforme se encienden e inician reacciones exotérmicas, liberan más calor que el que pueden transmitir a los alrededores, permitiendo un súbito incremento en la temperatura de la partícula. El aspecto de la superficie de las partículas que adquieren forma esférica, varía ampliamente dependiendo de las condiciones e impurezas contenidas en las partículas.

Estas partículas se encuentran notablemente presentes en la ciudad de San Luis Potosí, y los tamaños de partícula dominantes se encuentran en la fracción PM2.5.

En la ciudad de Querétaro, también encontramos partículas esféricas de cobre metálico, probablemente originadas de procesos de fundición de cobre (Gasca, 2007).
Sólo de manera ocasional, se detectaron partículas de cobre esférico en la ZMVM.

I-C2. Sulfuro de cobre y hierro

Estas partículas de origen antropogénico presentan la misma composición de la fase mineral conocida como calcopirita ($CuFeS_2$); sin embargo estas partículas adquieren formas esferoidales que se relacionan con procesos de alta temperaturas; este tipo de morfología es distinto al de la calcopirita mineral, la cual posee ángulos y clivajes característicos (Aragón, 1999).

En la ZMVM y en la ciudad de Barcelona, encontramos de manera muy ocasional partículas de la misma composición, sin embargo, estas partículas poseen la morfología del mineral calcopirita, por lo cual en estos casos, lo más probable es que estas partículas sean de origen natural y que han sido transportadas hasta estos lugares por acción de los vientos.

I-C3. Sulfuro de cobre

En la ciudad de Querétaro, la fase más abundante de cobre presenta la composición de la fase mineral conocida como covelita (CuS), sin embargo, existen dos razones para considerar a estas partículas como de origen antropogénico; la primera razón, es su elevada abundancia relativa en esta ciudad; la segunda, es que las partículas poseen un hábito cristalino laminar bastante bien desarrollado, lo cual es poco común en partículas minerales naturales (Gasca, 2007). La alta abundancia relativa de las partículas es un indicativo de la existencia de una actividad antropogénica que provoca la liberación del sulfuro de cobre al aire; probablemente de emisiones fugitivas de industrias donde se utiliza covelita, las cuales no logramos identificar.

I-C. PARTÍCULAS CON COBRE

I-C1. COBRE METÁLICO

Cu

TIPO DE ORIGEN:

Minero-metalúrgico de refinería de cobre.

DESCRIPCIÓN:

Partículas esféricas resultantes de la condensación de vapores.

SITIO:

Ciudad de San Luis Potosí.

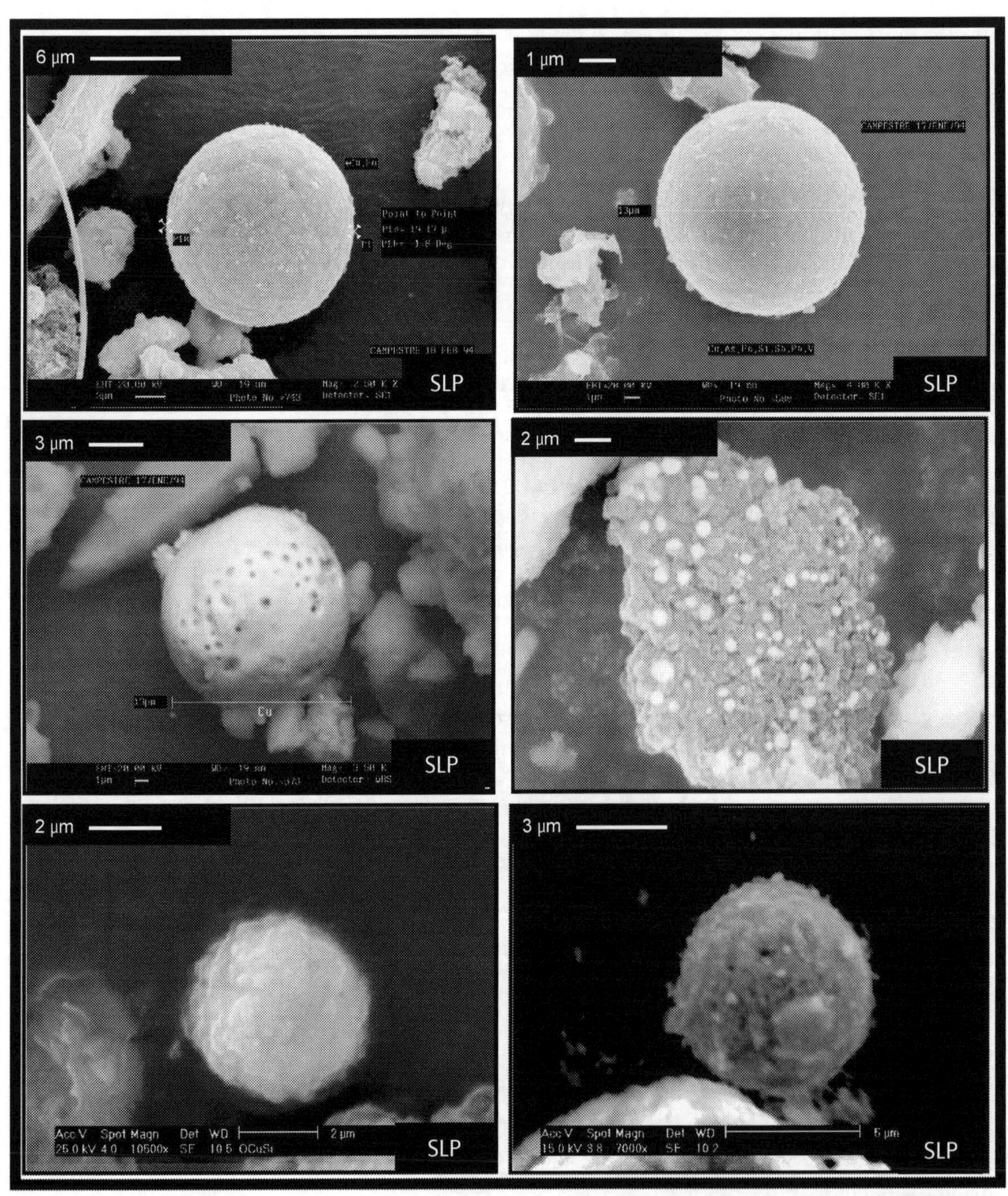

I-C. PARTÍCULAS CON COBRE

I-C1. COBRE METÁLICO *(continuación)*

Cu

TIPO DE ORIGEN:

Fundición de cobre.

DESCRIPCIÓN:

Partículas esféricas resultantes de la condensación de vapores.

SITIO:

Ciudad de Querétaro.

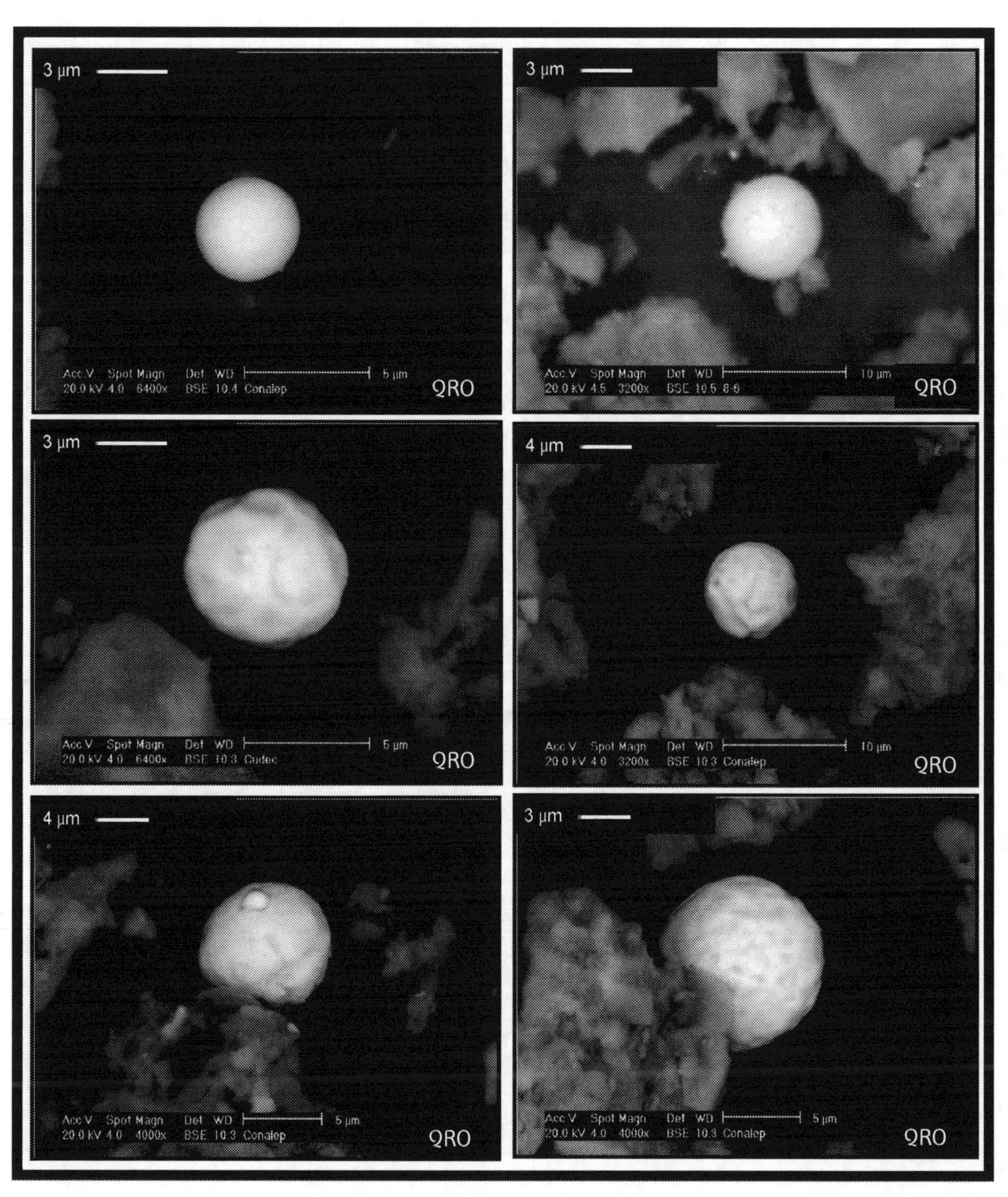

I-C. PARTÍCULAS CON COBRE

I-C2. SULFURO DE COBRE-HIERRO

$CuFeS_2$ *(misma composición del mineral conocido como CALCOPIRITA)*

TIPO DE ORIGEN:

Minero-metalúrgico de refinería de cobre.

DESCRIPCIÓN:

Partículas consideradas antropogénicas por sus formas esferoidales con la composición de la calcopirita, pero cuyas formas son distintas al mineral natural conocido como calcopirita.

SITIOS:

Ciudad de San Luis Potosí.

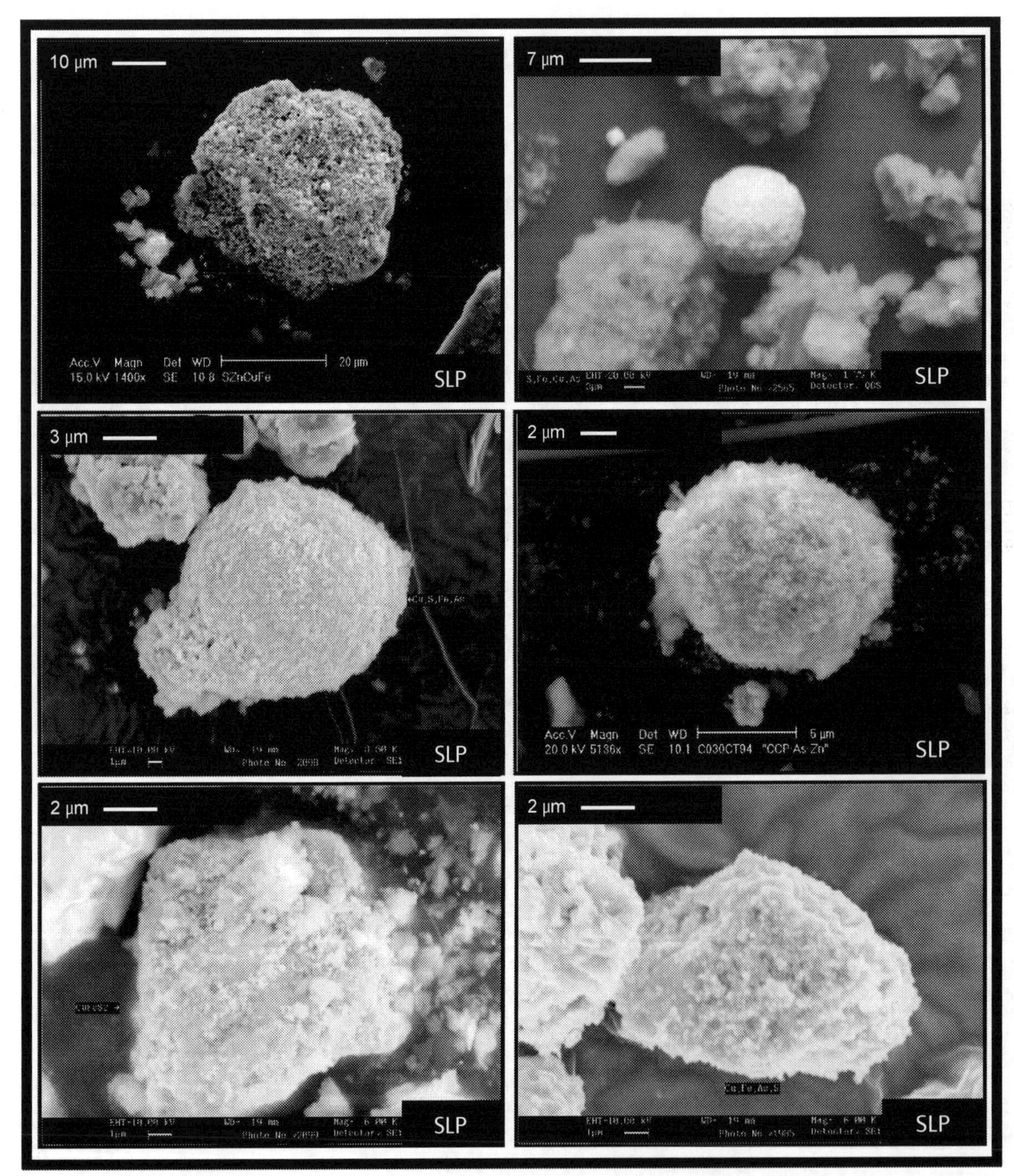

I-C. PARTÍCULAS CON COBRE

I-C3. SULFURO DE COBRE

CuS (misma composición del mineral conocido como COVELITA)

TIPO DE ORIGEN:
No determinado.

DESCRIPCIÓN:
Partículas consideradas antropogénicas por su elevada abundancia relativa en el aire, y su alto grado de cristalización y que es poco usual en el mineral conocido como covelita.

SITIO:
Ciudad de Querétaro.

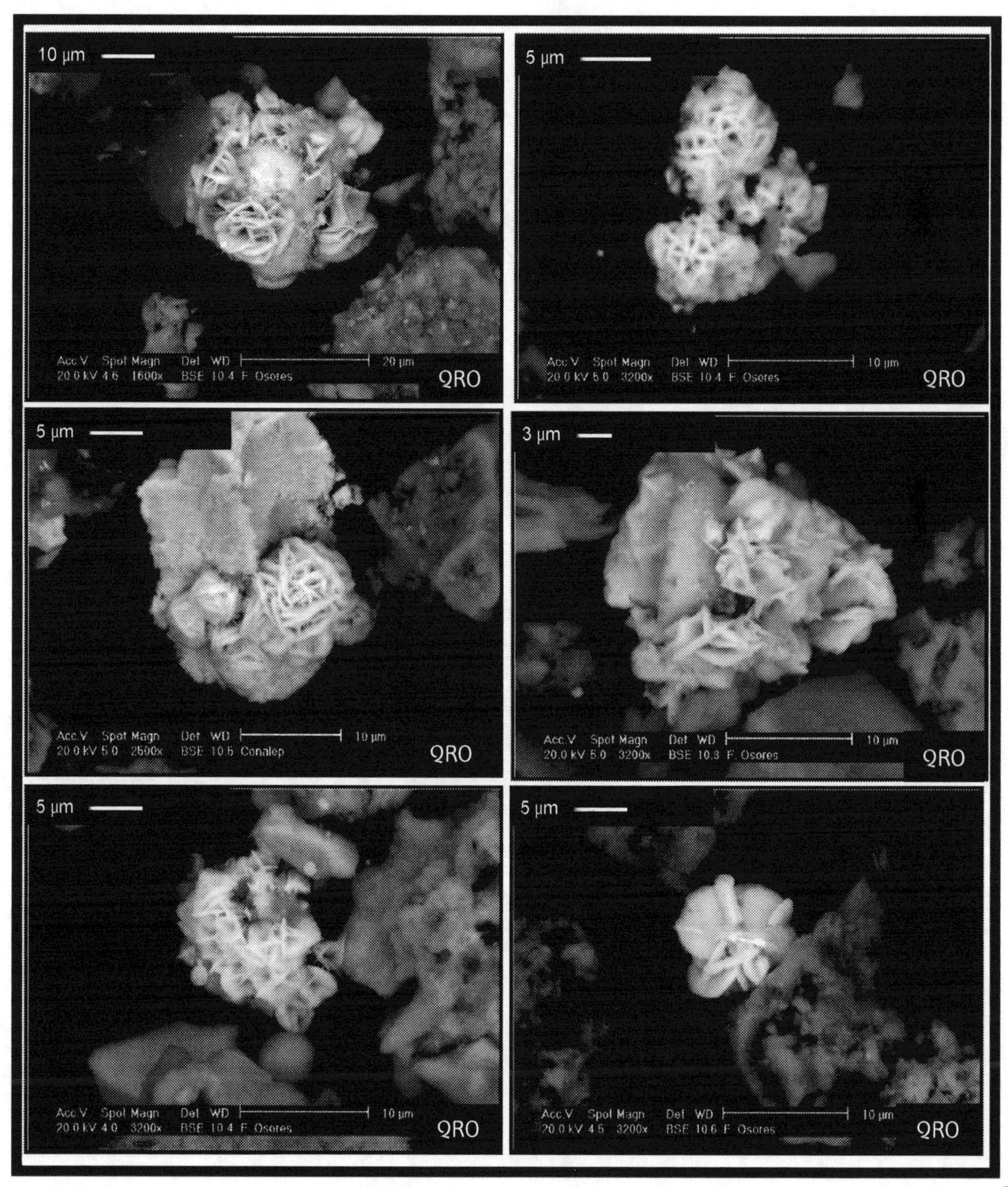

I-C. PARTÍCULAS CON COBRE

I-C3. SULFURO DE COBRE *(continuación)*

CuS *(misma composición del mineral conocido como COVELITA)*

TIPO DE ORIGEN:
No determinado

DESCRIPCIÓN:
Partículas consideradas antropogénicas por su elevada abundancia relativa en el aire, y su alto grado de cristalización y que es poco usual en el mineral conocido como covelita.

SITIO:
Ciudad de Querétaro.

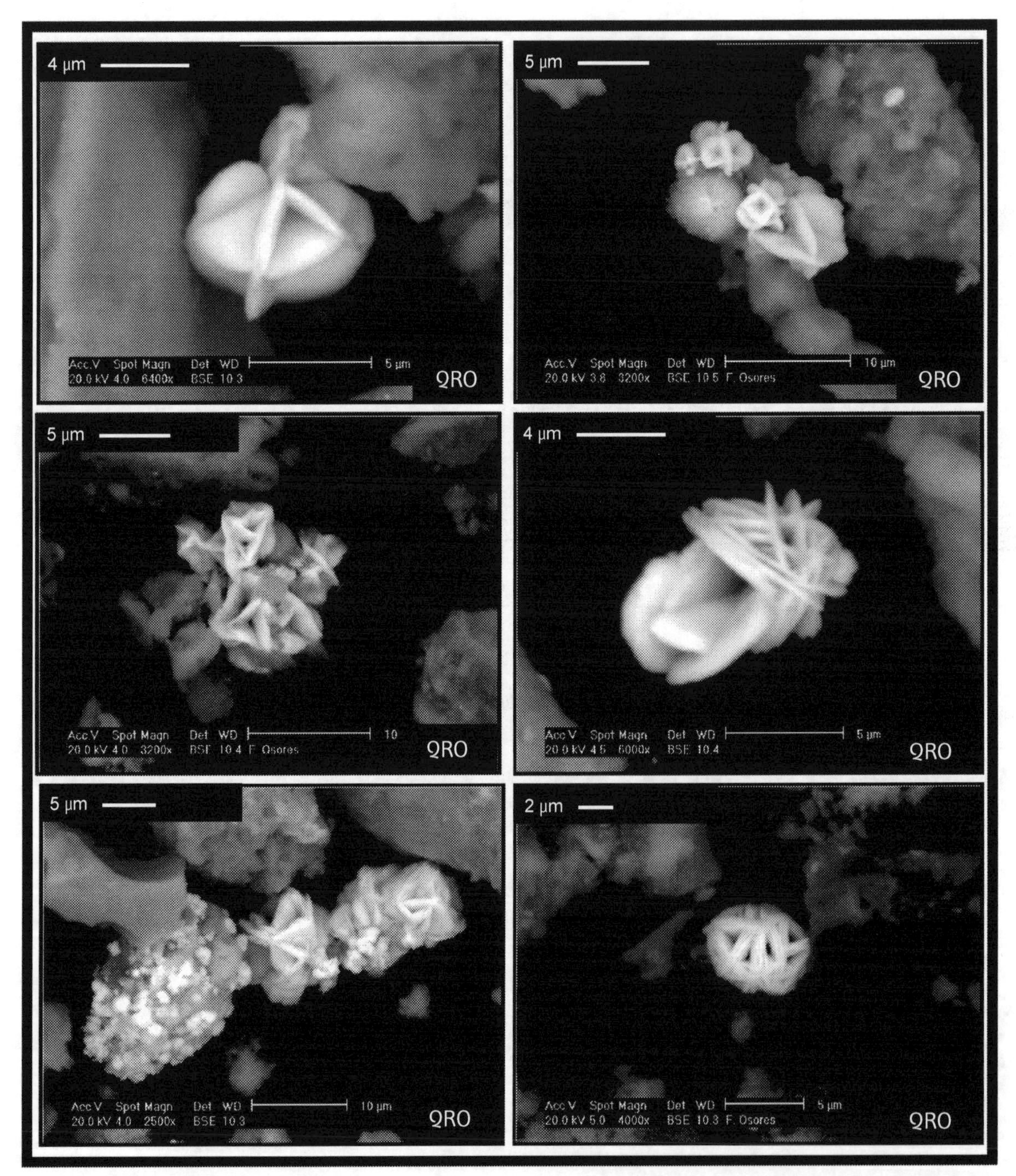

GRUPO I. PARTÍCULAS CON METALES Y/O ELEMENTOS PESADOS.

I-D. PARTÍCULAS ATMOSFÉRICAS CON ZINC

I-D1. Sulfuro de zinc

Por lo general, estas partículas poseen la composición y la morfología de la fase mineral conocida como esfalerita *((Zn,Fe)S)*, y su origen puede ser tanto antropogénico como natural.

Para el caso de la ciudad de San Luis Potosí, las partículas presentan morfologías típicas del mineral esfalerita; sin embargo, también se observan agregados de partículas que poseen un mayor contenido de cadmio *((Zn,Fe,Cd)S)*, comparativamente con las partículas de origen natural; y además del contenido de cadmio, estas partículas poseen una alta abundancia relativa, lo cual en conjunto puede relacionarse a un origen antropogénico por las actividades minero metalúrgicas que se desarrollan en esta ciudad (Aragón, 1999).

También encontramos partículas de sulfuro de zinc en la ZMVM y en la ciudad de Barcelona; sin embargo, estas partículas poseen formas características del mineral esfalerita, no presentan una abundancia relativa elevada, y no detectamos cadmio en su composición; lo anterior hace pensar que estas partículas son de origen natural y que su presencia es debida al transporte eólico a largo alcance.

I-D2. Óxidos de zinc

Las partículas pueden presentar formas, redondeadas, prismáticas, aciculares (como agujas) o esféricas.
I-D2a- La morfología redondeada de partículas de óxido de zinc presentes en el aire de la ciudad de Querétaro (Gasca, 2007), sugiere que fue provocada por procesos que utilizan temperaturas elevadas, ya que las partículas presentan unión entre sí formando brazos y extremos redondeados; esto puede ser causado por una fusión incipiente entre las partículas (proceso de sinterizado). También las altas temperaturas pueden dar lugar a la formación de cristales prismáticos al ocurrir un enfriamiento lento.

I-D2b- Las partículas de óxido de zinc de forma acicular también encontradas en el aire de la ciudad de Querétaro (Gasca, 2007), presentan características similares a las micro y nanofibras de óxido de zinc desarrolladas en Estados Unidos (Cheng y col., 2007). Este tipo de estructuras son utilizadas en la fabricación de nanodispositivos en electrónica y optoelectrónica (Cheng y col., 2007). De igual forma, el óxido de zinc se utiliza en la fabricación de pinturas y pigmentos textiles (en Labrada, 2006), dado que la forma de las partículas de pinturas y pigmentos es generalmente acicular (Di Marco y col., 2006); por lo cual es probable que estas partículas estén asociadas también a esta actividad industrial.

Las partículas aciculares que constituyen agregados, pueden corresponder a polvos de óxidos de zinc en donde esta morfología característica se forma a partir de óxido de zinc y pentóxido de niobio (Guo y col., 2007), material que es utilizado en dispositivos electrónicos por sus excelentes propiedades dieléctricas (Guo y col., 2007), como son componentes de teléfonos celulares, dispositivos inalámbricos y sistemas de posición global (GPS).

I-D2c- También encontramos partículas esféricas de óxidos de zinc en el aire de la ciudad de Querétaro (Gasca, 2007) y en la ZMVM (Labrada, 2006), las cuales probablemente están asociadas a emisiones de industrias metálicas básicas, así como a industrias de pigmentos.

La gran mayoría de las partículas de óxido de zinc presentan tamaños menores o iguales a 2.5 μm.

I-D. PARTÍCULAS CON ZINC

I-D1. SULFURO DE ZINC

*(Zn,Fe,Cd)S (*composición similar al mineral conocido como ESFALERITA, pero con cadmio en su composición química*)*

TIPO DE ORIGEN:

Minero-metalúrgico de refinería de plomo-zinc

DESCRIPCIÓN:

Partículas consideradas antropogénicas por su elevada abundancia relativa en el aire, además de presentar una mayor concentración de cadmio comparada con la que posee el mineral esfalerita de manera natural.

SITIO:

Ciudad de San Luis Potosí.

I-D. PARTÍCULAS CON ZINC

I-D1. SULFURO DE ZINC *(continuación)*

*(*Zn,Fe*)*S *(*composición similar al mineral conocido como ESFALERITA*)*

TIPO DE ORIGEN:
Transporte de largo alcance procedente de posibles plantas concentradoras del mineral.

DESCRIPCIÓN:
Partículas consideradas de origen natural o antropogénico que se presentan de manera ocasional en el aire por posible transporte de largo alcance.

SITIOS:
ZMVM, Barcelona.

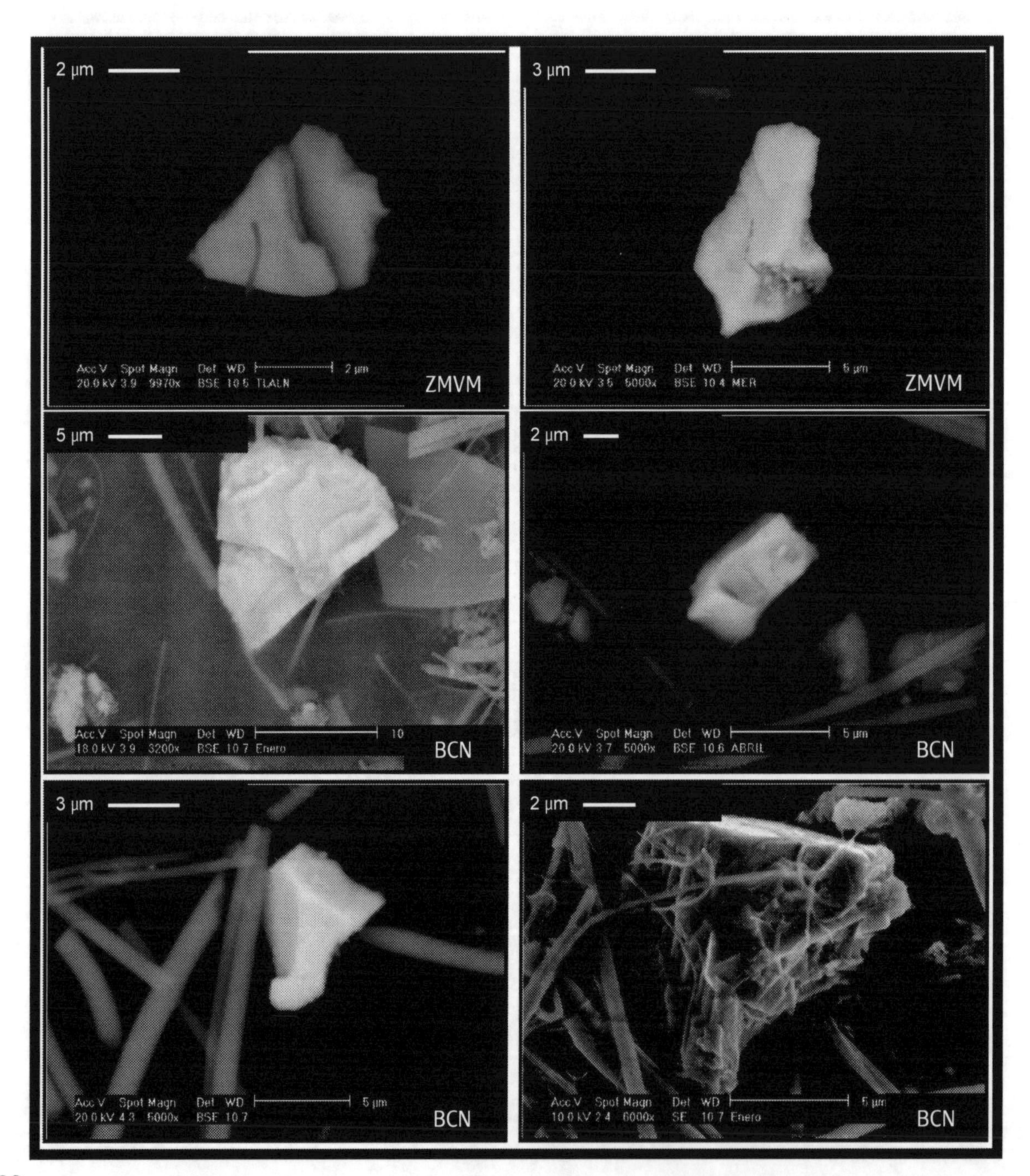

I-D. PARTÍCULAS CON ZINC

I-D2a. ÓXIDOS DE ZINC

ZnO

TIPO DE ORIGEN:

Industrias de componentes electrónicos

DESCRIPCIÓN:

Agregados de cristales sinterizados (fusión incipiente entre los mismos).

SITIO:

Ciudad de Querétaro.

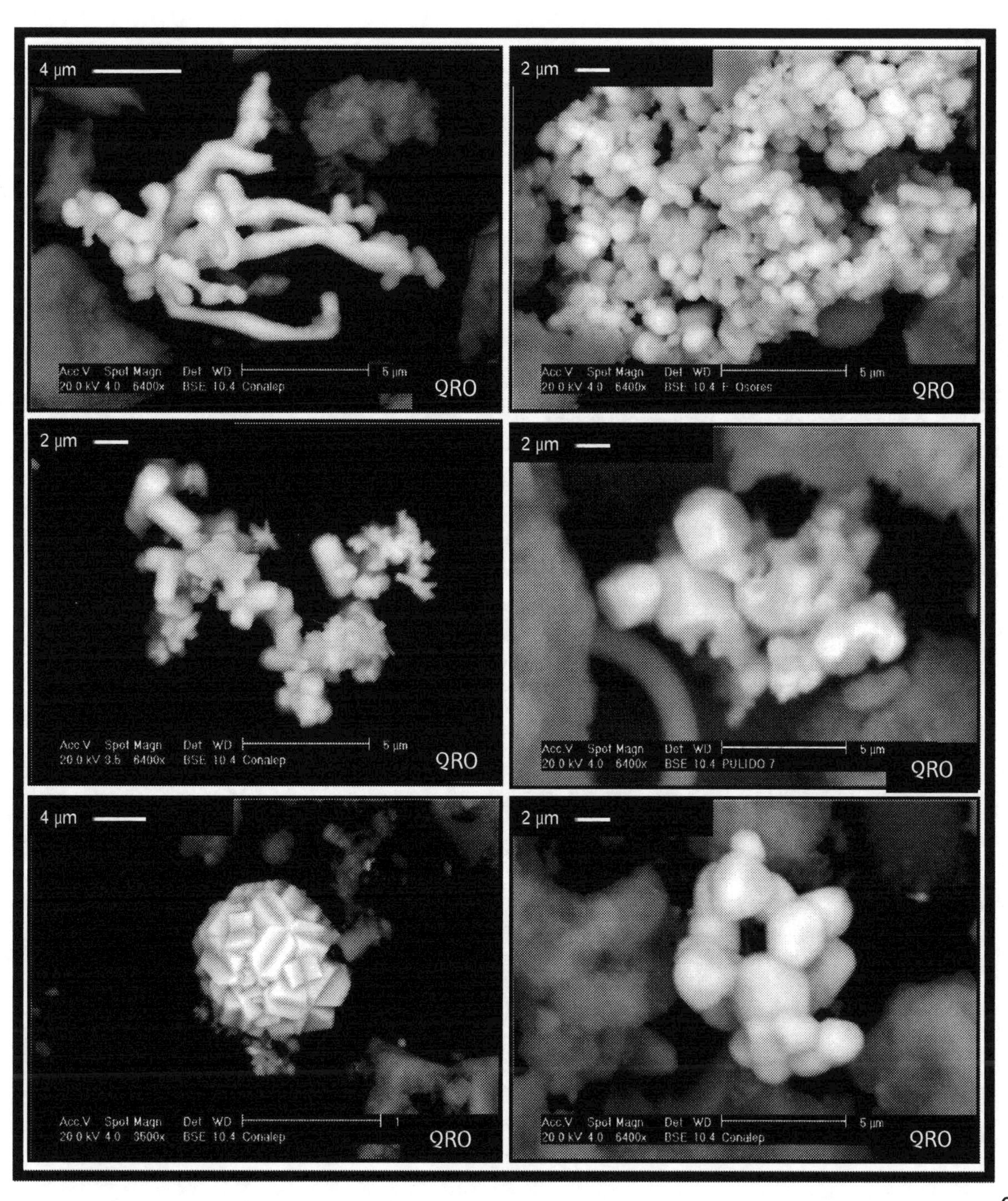

I-D. PARTÍCULAS CON ZINC

I-D2b. ÓXIDOS DE ZINC *(continuación)*

ZnO

TIPO DE ORIGEN:

Industrias de pigmentos y componentes electrónicos.

DESCRIPCIÓN:

Agregados de cristales aciculares *(como agujas)*.

SITIO:

Ciudad de Querétaro.

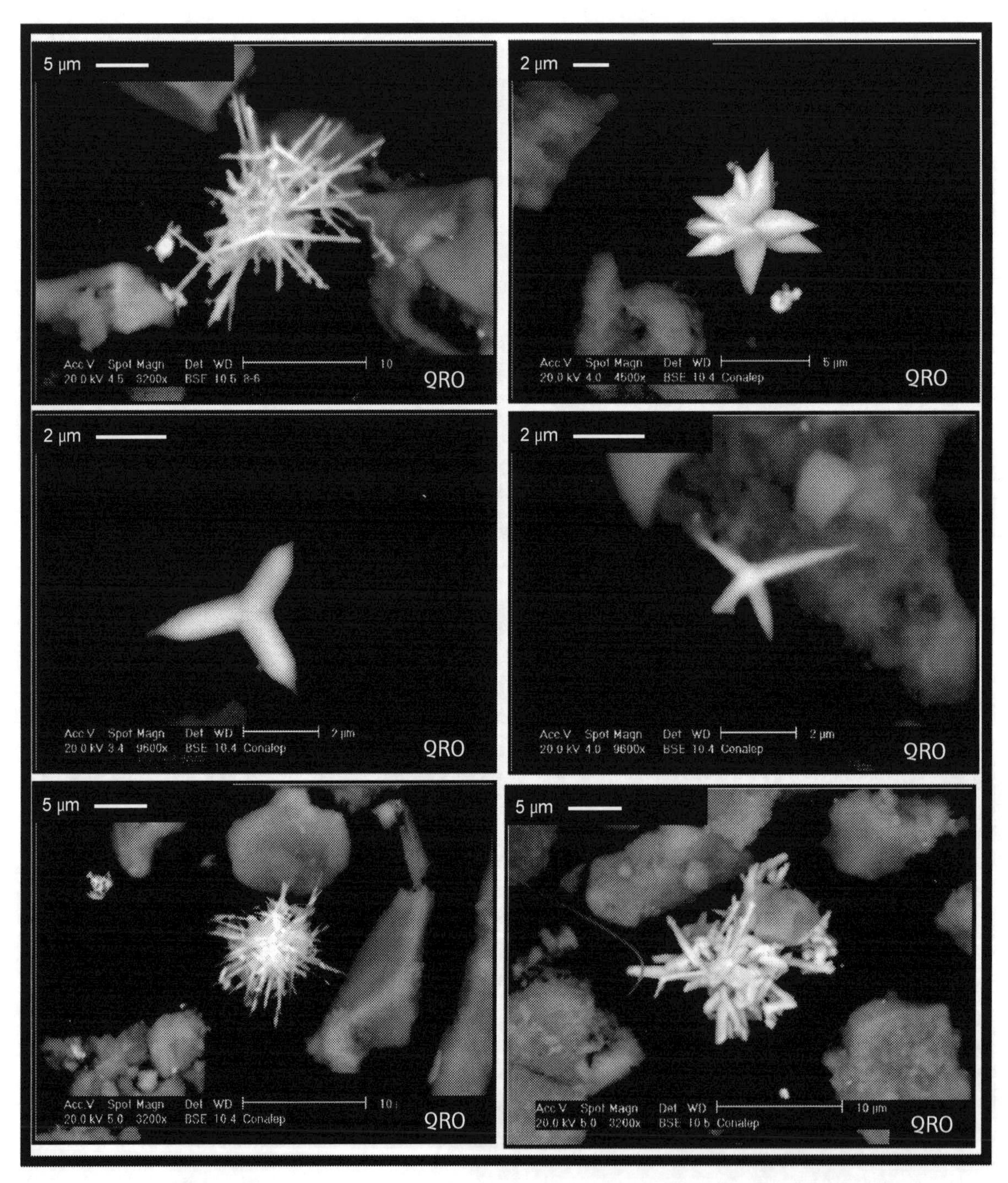

I-D. PARTÍCULAS CON ZINC

I-D2c. ÓXIDOS DE ZINC *(continuación)*
ZnO

TIPO DE ORIGEN:
Industrias de pigmentos y componentes electrónicos.

DESCRIPCIÓN:
Partículas esférica y en agregados.

SITIO:
Ciudad de Querétaro y ZMVM.

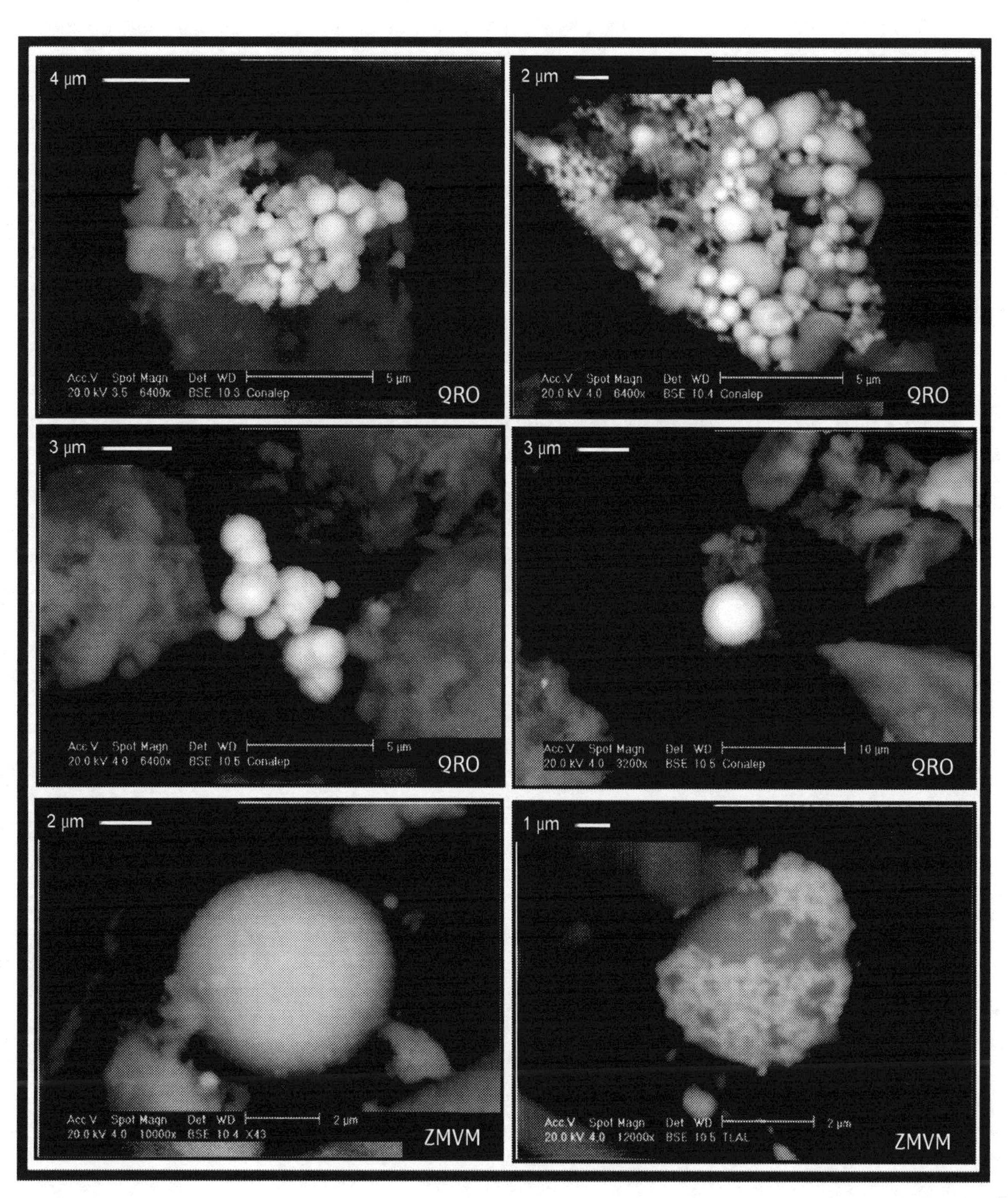

GRUPO I. PARTÍCULAS CON METALES Y/O ELEMENTOS PESADOS.

I-E. PARTÍCULAS ATMOSFÉRICAS CON HIERRO

I-E1. Óxidos de hierro

Otro caso interesante es el de las ferritas de morfología esférica. La formación de partículas esféricas es un indicador de la fusión de material bajo condiciones oxidantes. Las partículas esféricas de óxidos de hierro también pueden adquirir texturas superficiales distintas, lo cual depende del tipo de impurezas y las condiciones de formación.

La procedencia de estas partículas está estrechamente relacionada con procesos que involucran la condensación de vapores en la atmósfera una vez que han sido emitidos por industrias como la fundición de hierro, de esta manera, una contribución importante en la generación de partículas esféricas de ferritas, son las empresas siderúrgicas o acerías; estas partículas también pueden asociarse a procesos de soldadura y pailería.

En este caso particular, para determinar la posible procedencia de estas partículas, realizamos un análisis directo a partículas que fueron tomadas de un colector de polvos de una importante planta de acería, en donde los polvos son producidos en el entorno de un arco eléctrico de un horno de fundición, como una nube de polvos. El polvo producido es succionado y recogido por un colector de polvos que va a dar a una casa de sacos, de donde tomamos la muestra. Analizamos las partículas por microscopía electrónica. El análisis directo del material obtenido del colector de polvos, reveló que el polvo se encuentra constituido mayormente por partículas esféricas de hierro-óxido de hierro. Estas partículas poseen tamaños inferiores a 5 micrómetros y pueden contener algunas impurezas de elementos como silicio, aluminio, calcio y magnesio (Aragón, 1999); la morfología y composición química de estas partículas, resultaron idénticas a las partículas esféricas de óxidos de hierro encontradas en el aire.

Estas partículas esferoidales de óxidos de hierro fueron identificadas en el aire de las ciudades de San Luis Potosí (Aragón, 1999, Campos 2005), de Querétaro (Gasca, 2007), en la Zona Metropolitana del Valle de México (ZMVM) (Labrada, 2006), y en la ciudad de Barcelona (Duarte, 2010).

La mayor parte de las partículas encontradas poseen tamaños menores de 5 μm y en términos generales prácticamente todas ellas se encuentran en el intervalo correspondiente a PM10, y por tanto, podrían generar impacto en la salud de la población expuesta.

I-E2. Partículas con hierro metálico

Estas partículas presentan formas irregulares que abarcan formas del tipo de desgarre metálico, laminillas, rebabas, formas con torsión y de corrosión (oxidación). Estos tipos de partículas se asocian al desgaste y corrosión de estructuras metálicas expuestas a la intemperie (Aragón, 1999), así como al desgaste de autopartes (Schauer y col., 2006). Las partículas de hierro metálico, frecuentemente se presentan con recubrimientos o en aleaciones con otros metales como cromo y níquel.

Estas partículas fueron identificadas en todos los sitios estudiados.

Este tipo de partículas presenta gran variación de tamaño, en donde aproximadamente la mitad del total se encuentran entre 1 y 5 μm; sin embargo, los tamaños de partícula pueden superar los 10 μm.

I-E3. Sulfuros y óxidos de apariencia mineral

Las partículas más frecuentes corresponden a formas minerales del tipo de la pirita (FeS_2), pirrotita ($Fe_{1-X}S$), magnetita ($FeO \cdot Fe_2O_3$) y hematita (Fe_2O_3); sin embargo, estas partículas sólo pueden considerarse de origen antropogénico para la ciudad de San Luis Potosí, ya que presentan una mayor abundancia relativa en esta ciudad, con respecto a los otros sitios estudiados; lo anterior debido a la actividad minero metalúrgica que se desarrolla en esta población.

I-E. PARTÍCULAS CON HIERRO

I-E1. FERRITAS
Óxidos de hierro

TIPO DE ORIGEN:
Industria siderúrgica y del acero.

DESCRIPCIÓN:
Partículas esféricas generadas de la condensación de vapores.

SITIOS:
Ciudades de San Luis Potosí y de Querétaro.

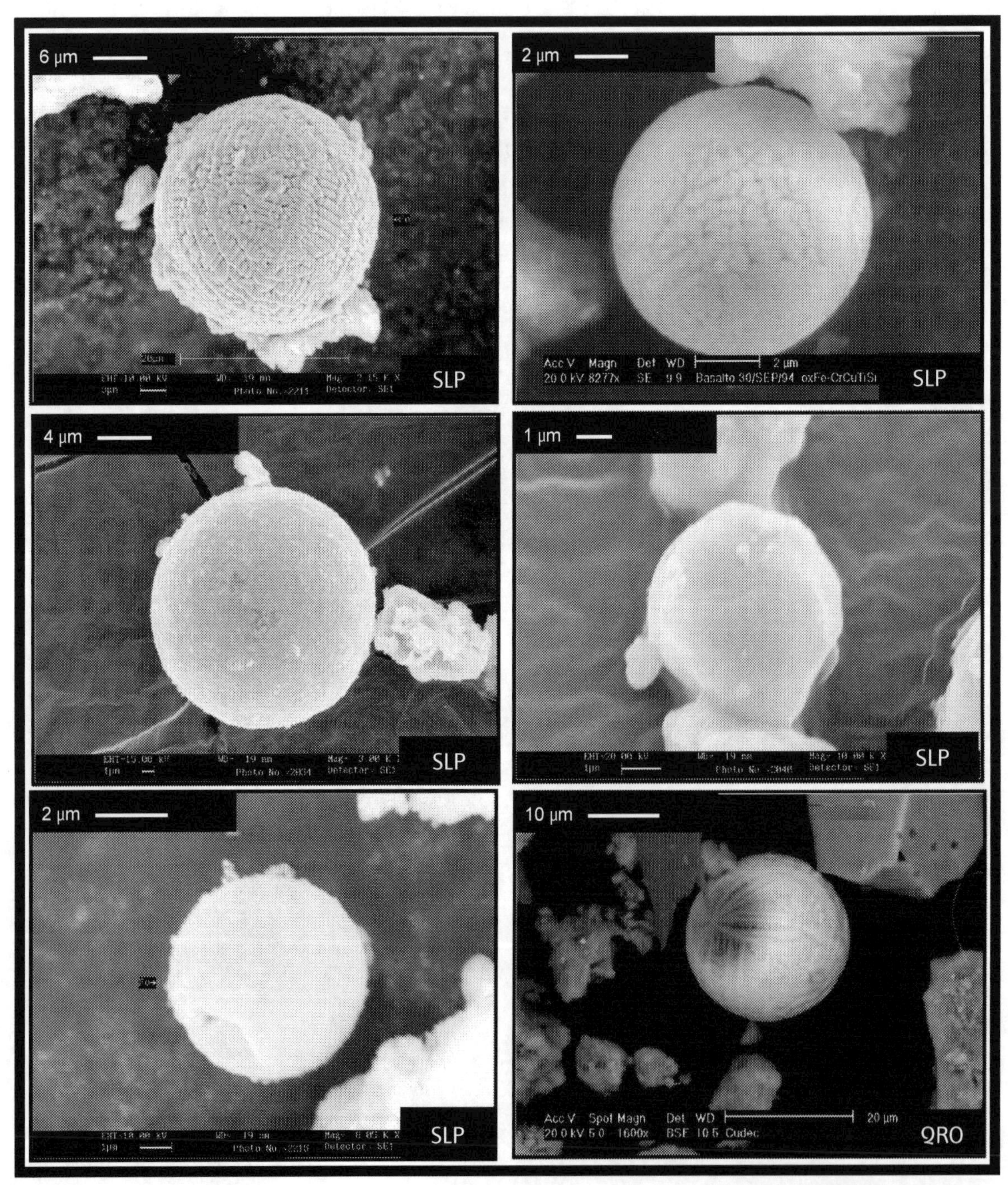

I-D. PARTÍCULAS CON HIERRO

I-E1. FERRITAS *(continuación)*

Óxidos de hierro

TIPO DE ORIGEN:

Industria siderúrgica y del acero.

DESCRIPCIÓN:

Partículas esféricas generadas de la condensación de vapores, también en aglomerados de partículas pseudoesféricas.

SITIOS:

Ciudad de San Luis Potosí.

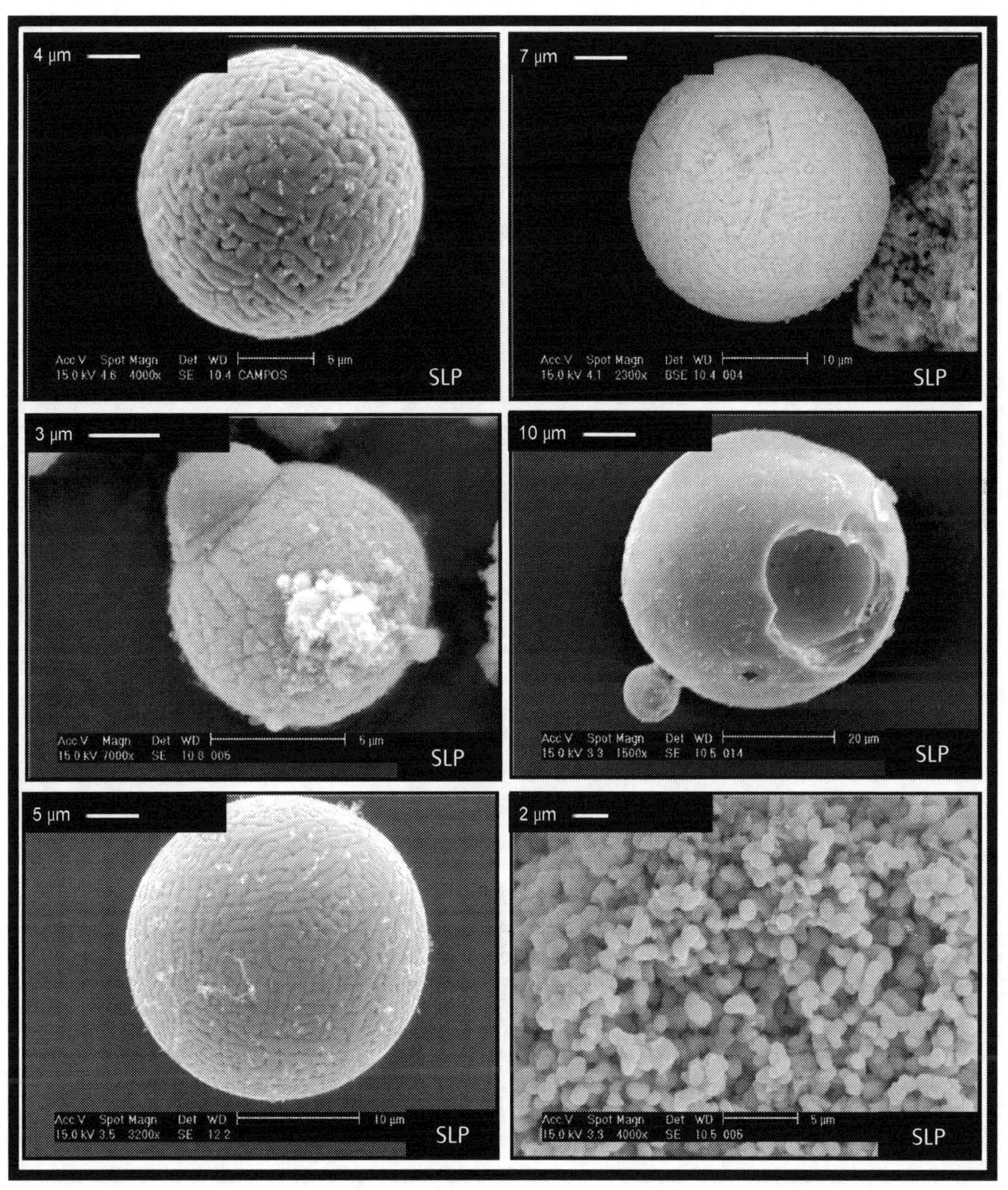

I-E. PARTÍCULAS CON HIERRO

I-E1. FERRITAS *(continuación)*
Óxidos de hierro

TIPO DE ORIGEN:
Industria siderúrgica y del acero.

DESCRIPCIÓN:
Partículas esféricas generadas de la condensación de vapores.

SITIOS:
Ciudad de Querétaro.

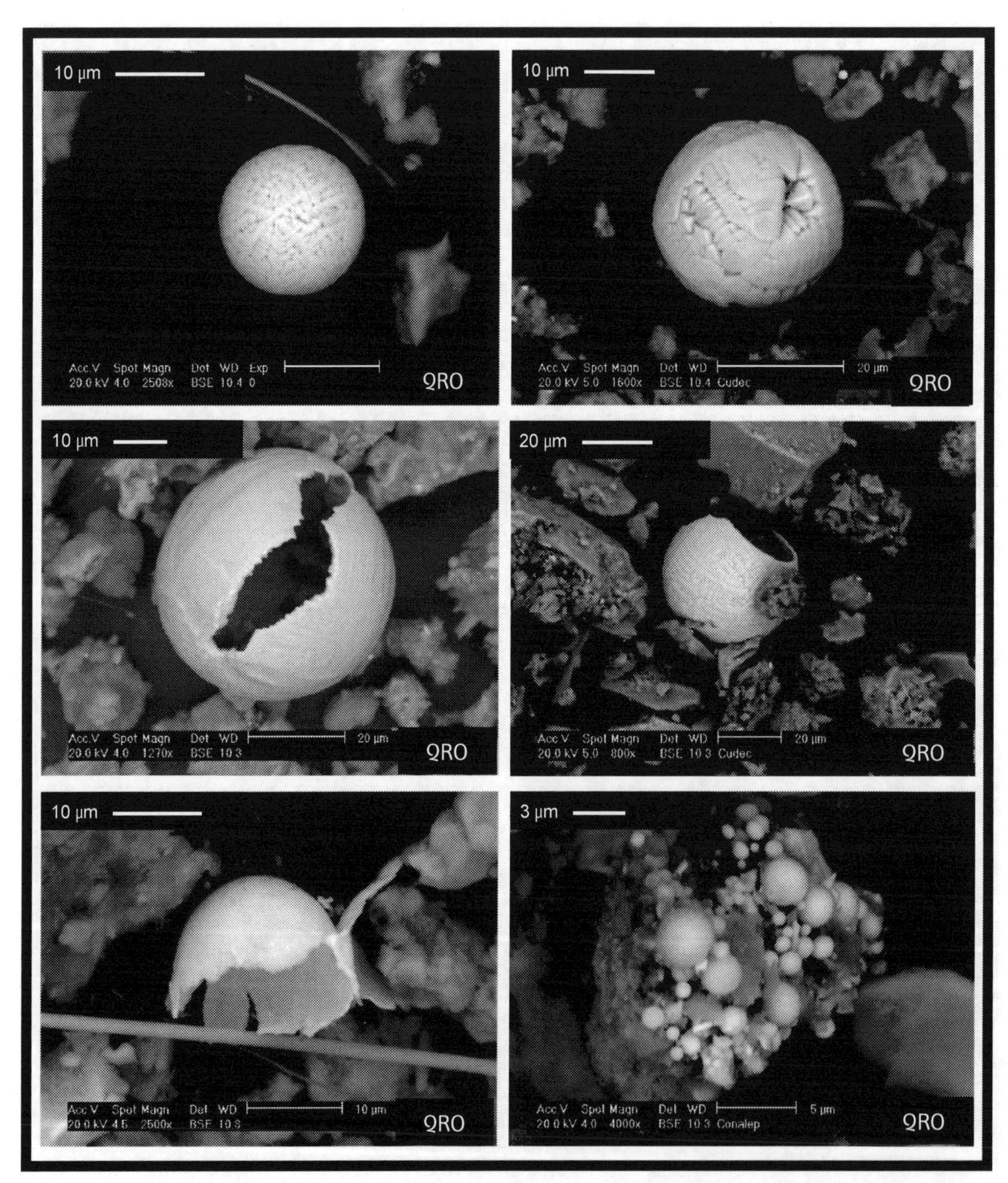

I-D. PARTÍCULAS CON HIERRO

I-E1. FERRITAS *(continuación)*
Óxidos de hierro

TIPO DE ORIGEN:
Industria siderúrgica y del acero.

DESCRIPCIÓN:
Partículas esféricas generadas de la condensación de vapores.

SITIOS:
ZMVM.

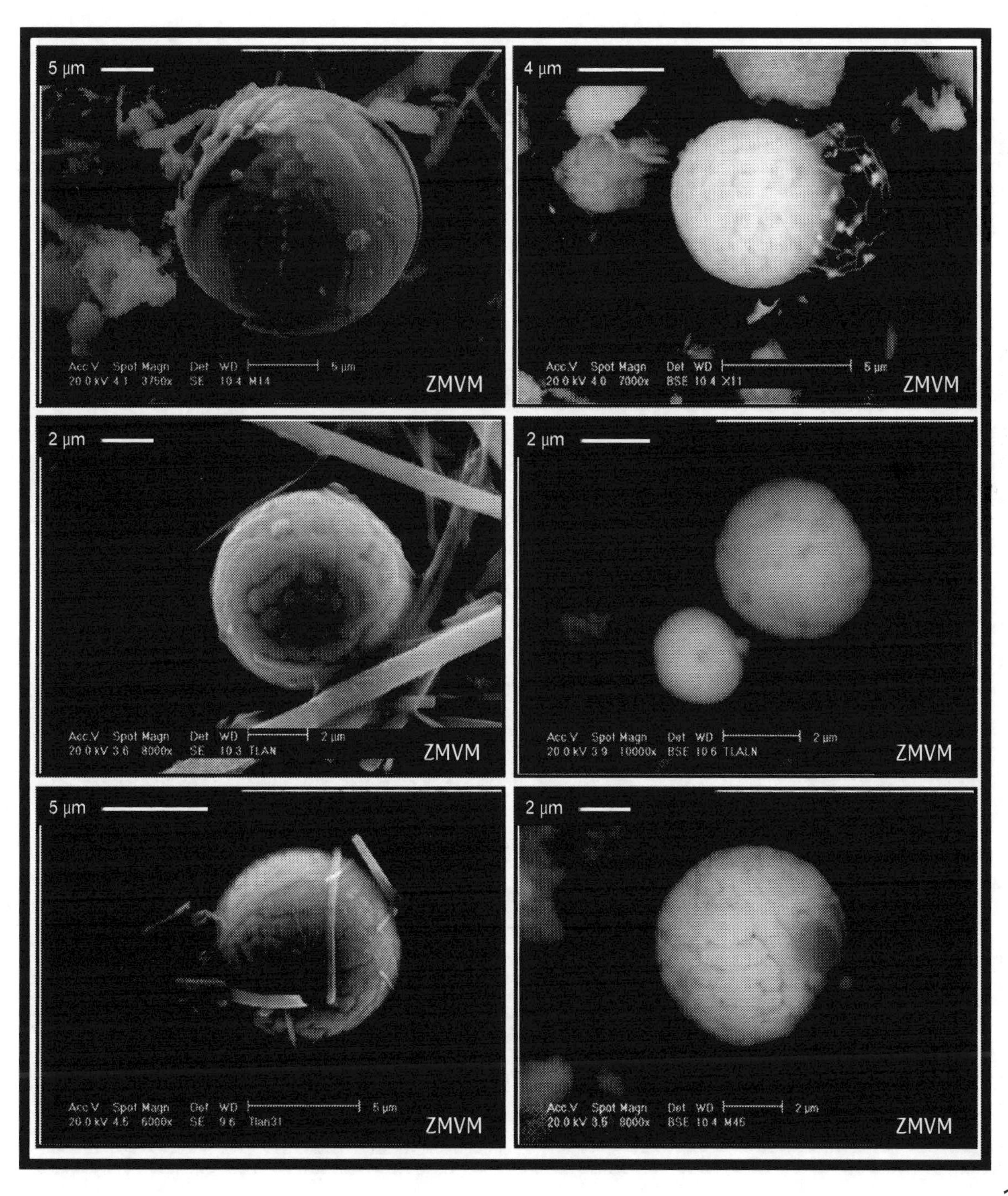

I-E. PARTÍCULAS CON HIERRO

I-E1. FERRITAS *(continuación)*
Óxidos de hierro

TIPO DE ORIGEN:
Industria siderúrgica y del acero.

DESCRIPCIÓN:
Partículas esféricas generadas de la condensación de vapores.

SITIOS:
Barcelona.

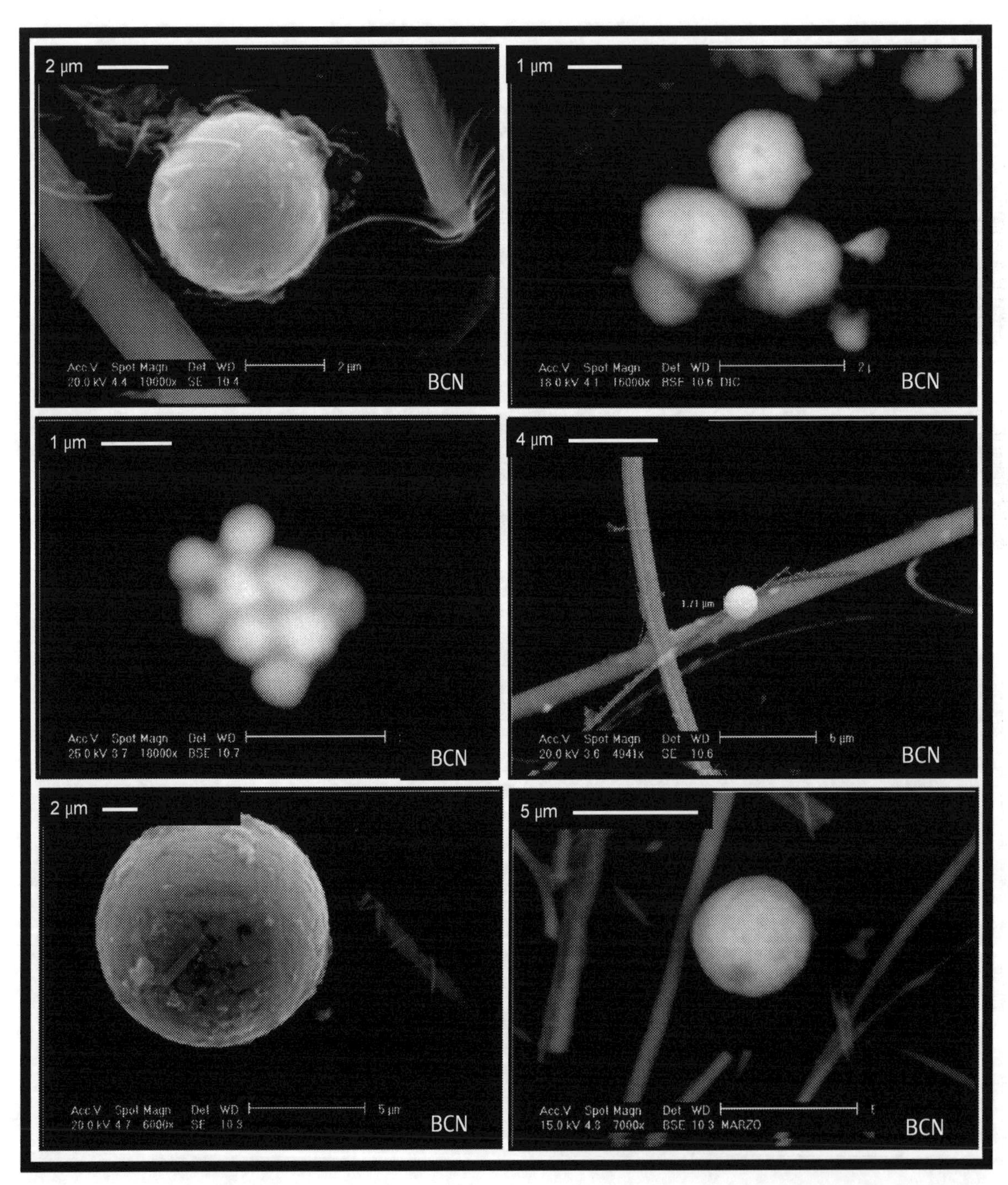

I-D. PARTÍCULAS CON HIERRO

I-E2. HIERRO METÁLICO

Fe

TIPO DE ORIGEN:

Desgaste de piezas metálicas y autopartes.

DESCRIPCIÓN:

Partículas metálicas de formas irregulares.

SITIOS:

Ciudad de San Luis Potosí, Querétaro.

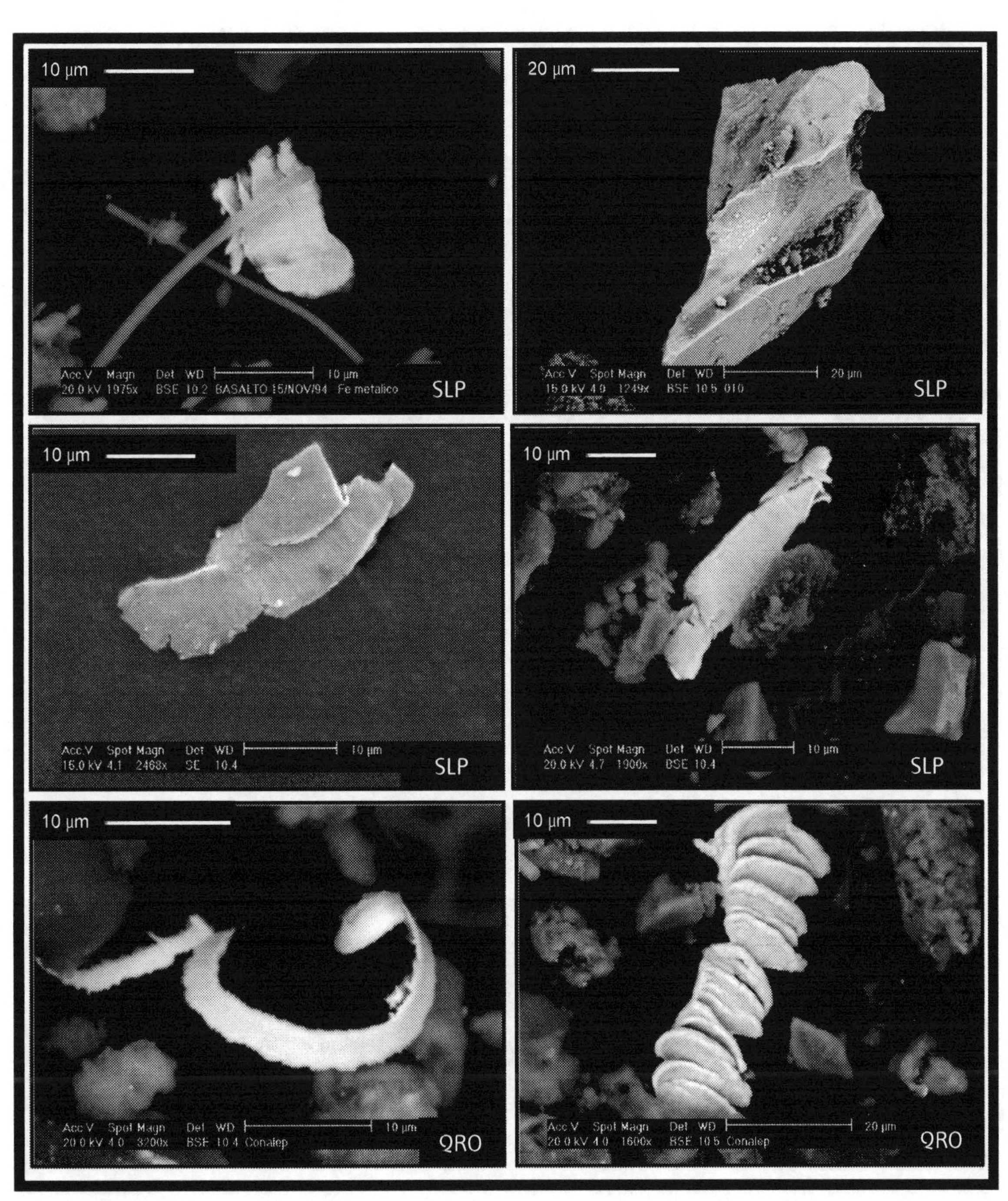

I-E. PARTÍCULAS CON HIERRO

I-E2. HIERRO METÁLICO (continuación)

Fe

TIPO DE ORIGEN:

Desgaste de piezas metálicas y autopartes.

DESCRIPCIÓN:

Partículas metálicas de formas irregulares.

SITIOS:

Ciudades de Querétaro y Barcelona; ZMVM.

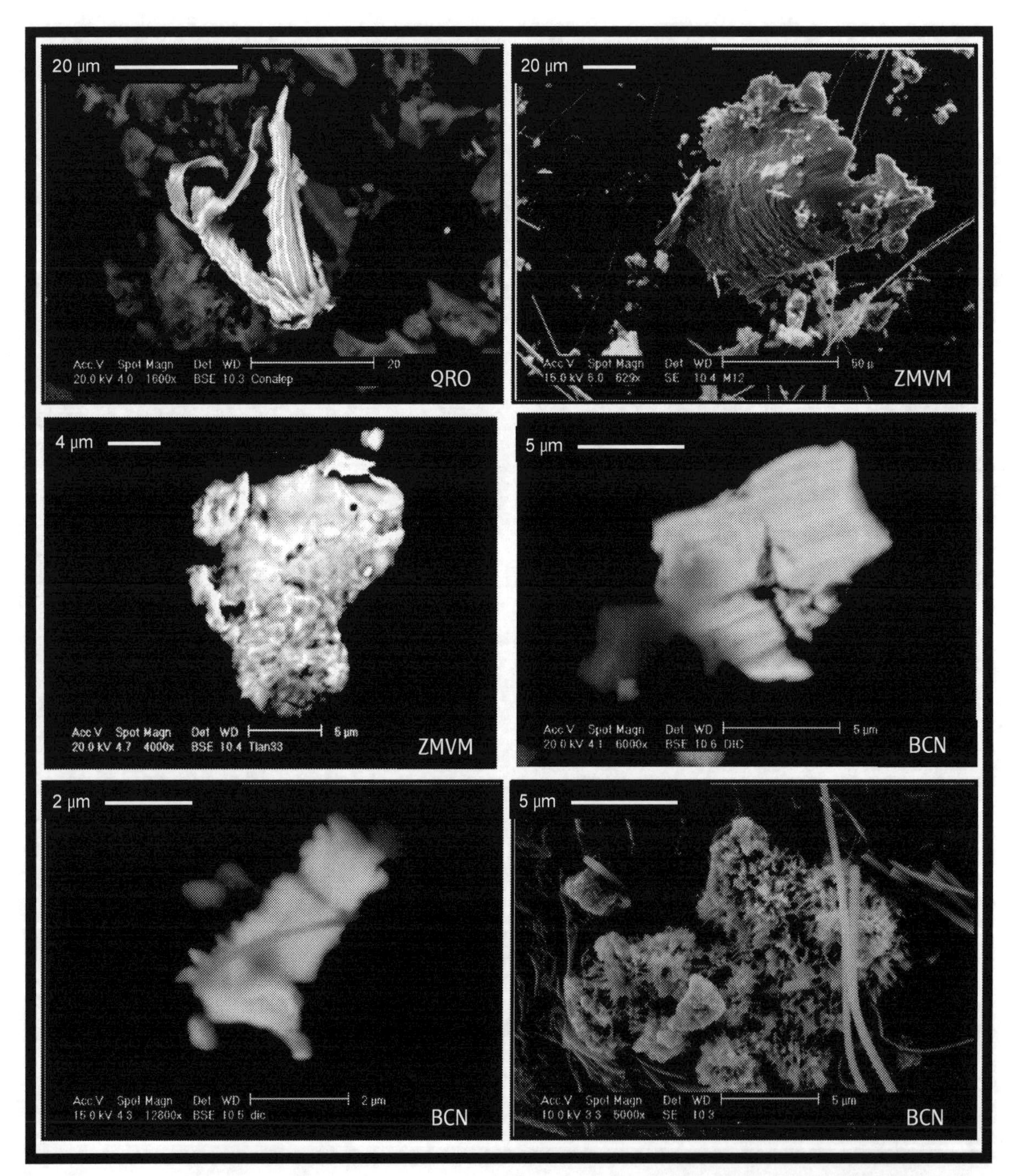

I-D. PARTÍCULAS CON HIERRO

I-E2. HIERRO-CROMO METÁLICOS
Fe-Cr

TIPO DE ORIGEN:
Desgaste de piezas metálicas.

DESCRIPCIÓN:
Partículas metálicas de formas irregulares.

SITIOS:
ZMVM, Barcelona.

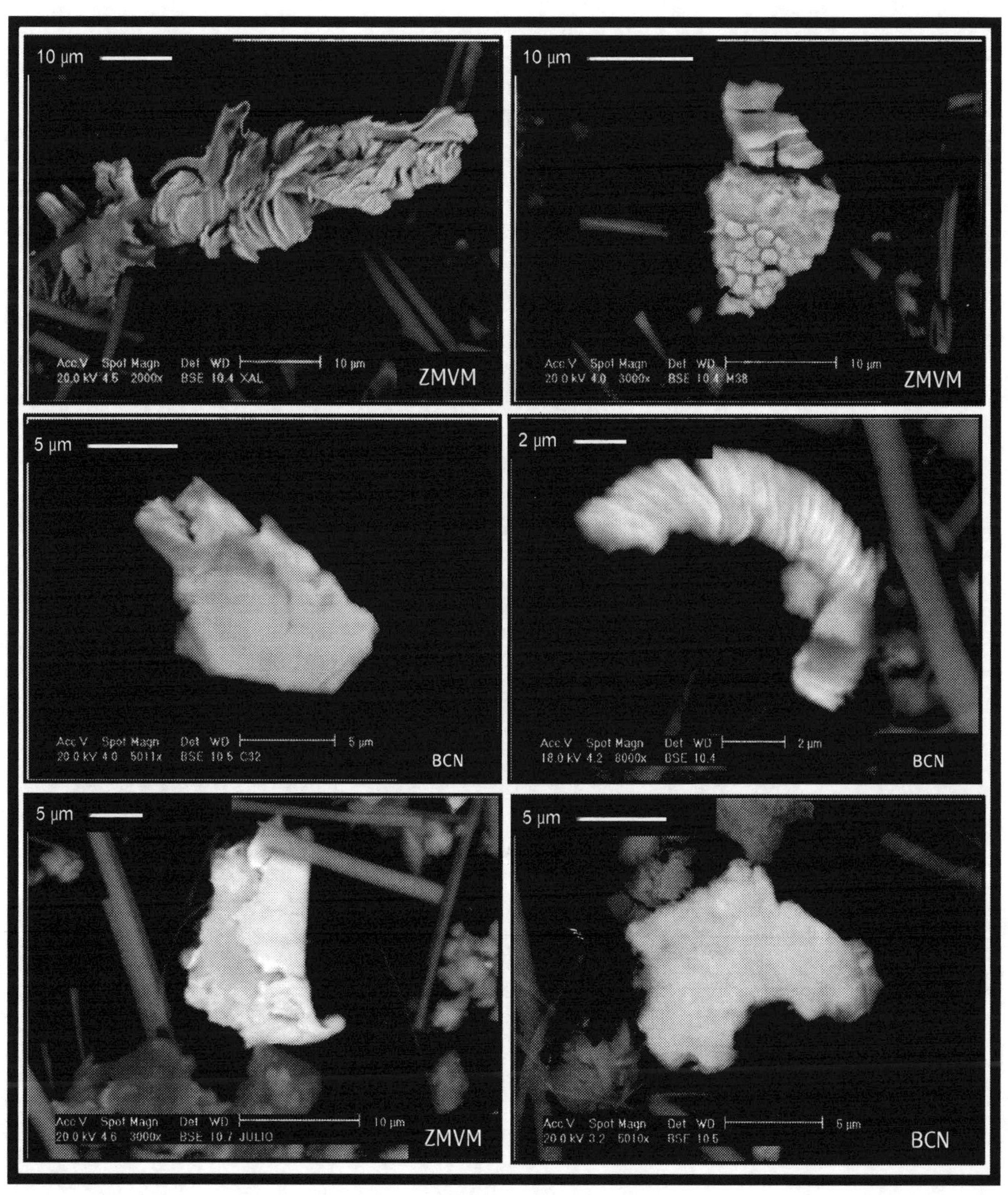

I-E. PARTÍCULAS CON HIERRO

I-E2. HIERRO-CROMO Y NIQUEL METÁLICOS

Fe-Cr, Ni

TIPO DE ORIGEN:

Desgaste de piezas metálicas y autopartes.

DESCRIPCIÓN:

Partículas metálicas de formas irregulares.

SITIOS:

Ciudades de San Luis Potosí y de Querétaro.

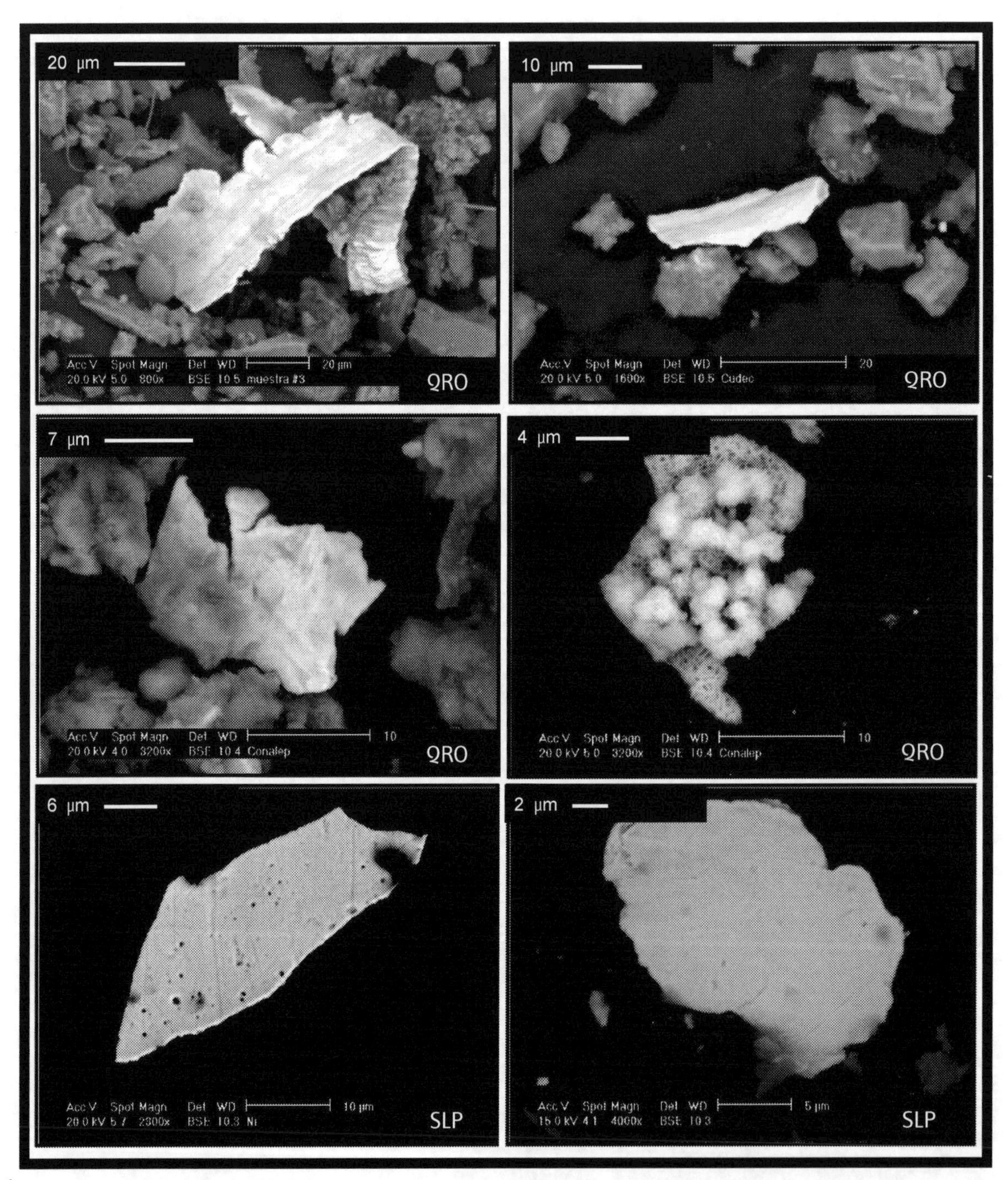

I-D. PARTÍCULAS CON HIERRO

I-E3. SULFUROS Y ÓXIDOS DE HIERRO

FeS_2, Fe_3O_4, $Fe_{1-x}S$, $FeTiO_3$ *(misma composición de los minerales conocidos como pirita, magnetita, pirrotita e ilmenita respectivamente).*

TIPO DE ORIGEN:
Transporte a corto y largo alcance de posibles plantas concentradoras de mineral.

DESCRIPCIÓN:
Partículas consideradas antropogénicas que se presentan de manera ocasional en el aire por posible transporte a corto y largo alcance.

SITIOS:
Ciudades de San Luis Potosí y Barcelona

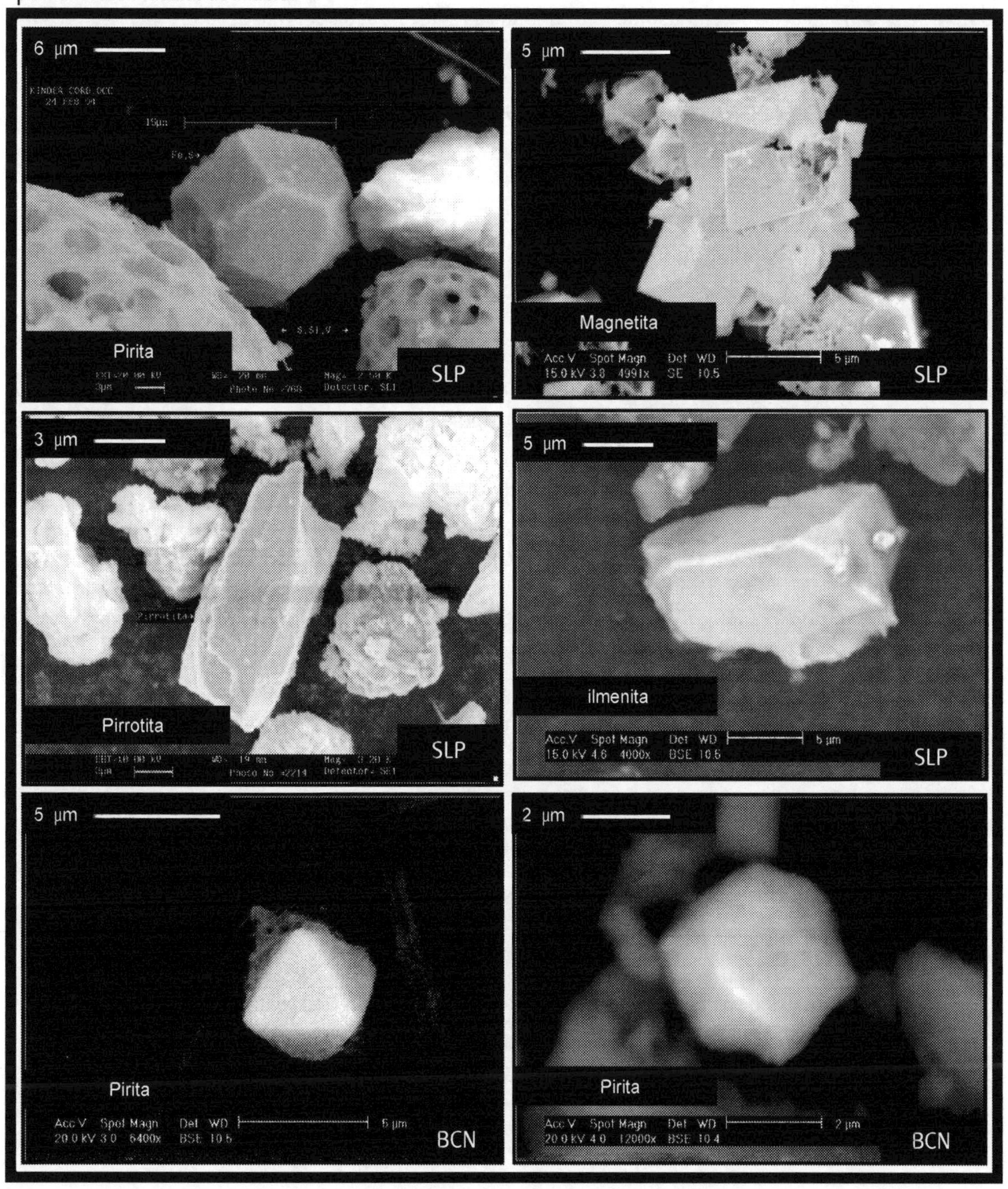

GRUPO I. PARTÍCULAS CON METALES Y/O ELEMENTOS PESADOS.

I-F. PARTÍCULAS ATMOSFÉRICAS CON BARIO

I-F1. Sulfatos de bario-estroncio

La barita ($BaSO_4$) es una fase mineral común en la naturaleza y ocasionalmente se detecta estroncio en su composición química, las partículas presentan clivajes y ángulos característicos; sin embrago, en sitios en donde se desarrolla actividad industrial, su abundancia relativa puede ser mayor con respecto a un sitio sin esta actividad; por esta razón, el sulfato de bario puede clasificarse como antropogénico.

La barita es la principal fuente de bario que se utiliza en la industria de pigmentos, vidrieras, cerámicos, ladrilleras, fabricación de plásticos, componentes de balatas de sistemas de frenos automotrices, perforación de pozos petroleros, entre otros (ATSDR, 2009).

Estas partículas se detectaron sobre todo en la ZMVM (Labrada, 2006) y la ciudad de Querétaro (Gasca, 2007), y en menor abundancia, en las ciudades de San Luis Potosí (Aragón, 1999; Campos, 2005) y de Barcelona (Duarte, 2010).

La mayoría de las partículas de barita presentan tamaños entre 2 y 5 μm y podrían estar presentes en la atmósfera por emisiones fugitivas derivadas del transporte por vehículos de carga en los sitios con mayor actividad industrial; para el caso particular de zona norte del Valle de México, es aquí en donde se localizan la mayoría de los centros generadores de carga para el transporte pesado (PITV, 2002).

Uno de los componentes de las pinturas automotrices son precisamente las fases de bario (Papasavva, 2001); y también para el caso de la zona norte del Valle de México, aquí se encuentran los talleres de pintura de una importante empresa automotriz, por lo cual las emisiones de aerosoles de pintura pueden estar presentes.

Un recubrimiento ampliamente usado es el litopón, el cual está constituido por sulfato de bario y sulfuro de zinc.

Cuando en la fase de sulfato predomina el estroncio, el sulfato de estroncio se emplea como pintura o recubrimiento para el embobinado de los alternadores automotrices, pues se encontraron estas partículas en el aire circundante de la zona en que se realiza este proceso de recubrimiento (Campos, 2005).

I-F2. Óxidos de bario

Las partículas de óxido de bario poseen formas esféricas y contienen pequeñas cantidades de óxido de zinc; esta morfología y composición, hace suponer que las partículas son de origen antropogénico, ya que ninguna fase mineral de bario posee formas esféricas.

Estas partículas atmosféricas fueron encontradas en la zona norte del Valle de México.

I-F. PARTÍCULAS CON BARIO

I-F1. SULFATO DE BARIO
$BaSO_4$ (misma composición del mineral BARITA).
I-F2. ÓXIDO DE BARIO Y CARBONATOS
BaO, $BaCO_3$

TIPO DE ORIGEN:
Industrias de pigmentos, balatas y diversos usos industriales.

DESCRIPCIÓN:
Las partículas del sulfato poseen formas típicas del mineral; sin embargo, son antropogénicas por su elevada abundancia relativa.

El óxido de bario es antropogénico por su morfología esférica.

SITIOS: Ciudades de San Luis Potosí, Querétaro, ZMVM y Barcelona.

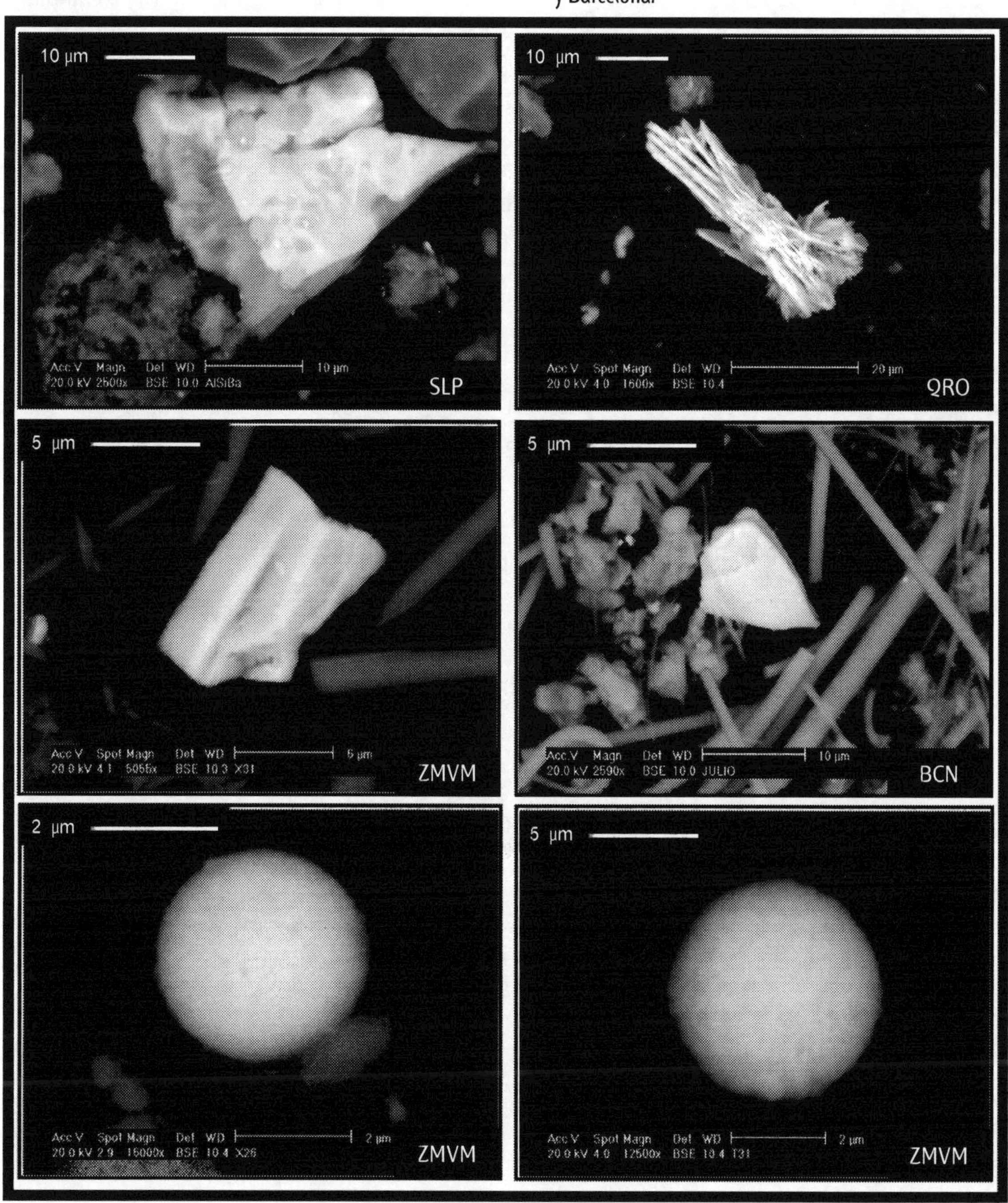

GRUPO II. PARTÍCULAS ANTROPOGÉNICAS CON CARBÓN ELEMENTAL

II. PARTÍCULAS CON CARBÓN ELEMENTAL

II-A. Partículas resultantes de la quema de combustóleo

Estas partículas ricas en carbono poseen en su composición también azufre y trazas de vanadio y níquel, su morfología es esferoidal con una gran porosidad debida a la fuga de gases desde el interior de la partícula durante el proceso de combustión y su tamaño es de alrededor de 10 µm, aunque puede ser mayor (Aragón, 1999). Estas partículas se identificaron en todos los sitios estudiados (Aragón, 1999; Campos, 2005; Labrada, 2006; Gasca, 2007, Duarte, 2010). Las partículas están asociadas a los residuos que se producen durante la quema de combustóleo, ya sea para generar energía, producir vapor, o simplemente para incineración de algún tipo de material.

Para constatar la procedencia de estas partículas, analizamos las emisiones de una chimenea en donde se emplea combustóleo en una caldera para producir vapor; la muestra fue recolectada por filtros, y las partículas obtenidas fueron analizadas directamente por microscopía electrónica de barrido y microanálisis; el examen reveló que el residuo sólido que deja esta combustión, son partículas con gran porosidad, ricas en azufre y con contenidos variables de níquel y vanadio (Aragón, 1999). Otros estudios (Matinsson y col., 1984), mencionan la relación del azufre con vanadio y níquel, en partículas de polvo generadas de la quema de combustibles.

II- B. Partículas resultantes del uso de diesel y gasolinas

Los estudios de microscopía revelaron su presencia en los sitios estudiados que presentan un intenso tránsito vehicular; en este caso, la ZMVM (Labrada, 2006), la ciudad de Querétaro (Gasca, 2007), y Barcelona (Duarte 2010). Generalmente estas partículas se presentan en conglomerados y su tamaño individual es extremadamente fino y con morfología esférica.

Estas partículas son de gran interés sobre todo por su fina granulometría (PM2.5) que tiende a llegar hasta tamaños nanométricos, sus niveles son significativos en sitios en donde existe un intenso tránsito vehicular; y por su tamaño y concentración, producen efectos negativos sobre la salud humana (Dockery y col., 1996; Pope y col., 2002; CE, 2004).

En España, Querol y Alaustey (2004) han mencionado que los motores diesel llegan a producir hasta cuatro veces más partículas de carbono que los motores de gasolina.

En otros estudios, estas partículas se han identificado en Beijing (Shi y col., 2003) y en Shanghai (Yue y col., 2006), y fueron asociadas a las emisiones de automotores a diesel y gasolina.

II- C. Partículas resultantes de la quema de biomasa

Las actividades agrícolas como la quema de la caña de azúcar, ocasionan el desprendimiento de biomasa como son el polen, esporas y partes de insectos. En la región rural cercana a la ciudad de Colima, estas actividades ocasionan el desprendimiento de un tipo particular de biomasa, la cual corresponde a brochosomas producidos por grillos (Cicadelliae), que consisten en partículas esféricas de morfología muy peculiar, ya que las esferas están conformadas por una red de hexágonos y pentágonos, y los tamaños son menores a 0.5 μm (Wittmack, 2005). La palabra brochosoma se compone de las raíces griegas brocho (retícula) y soma (cuerpo), y la apariencia que tienen es la de una red estructural como la que conforma los balones de futbol:

Los brochosomas que son expelidos por los grillos tienen la función de recubrir las masas de huevos depositadas en las hojas de las plantas, para protegerlas de parásitos.

II-A. PARTÍCULAS RESULTANTES DE LA QUEMA DE COMBUSTÓLEO

CARBON-AZUFRE

TIPO DE ORIGEN:
Se producen durante cualquier actividad que utilice combustóleo para la generación de energía o incineración de diversos materiales.

DESCRIPCIÓN:
Partículas esferoidales con cráteres originados por la emisión de gases de su interior. Contienen trazas de vanadio y níquel.

SITIOS:
Ciudades de San Luis Potosí, de Querétaro, de Colima, de Becelona, ZMVM.

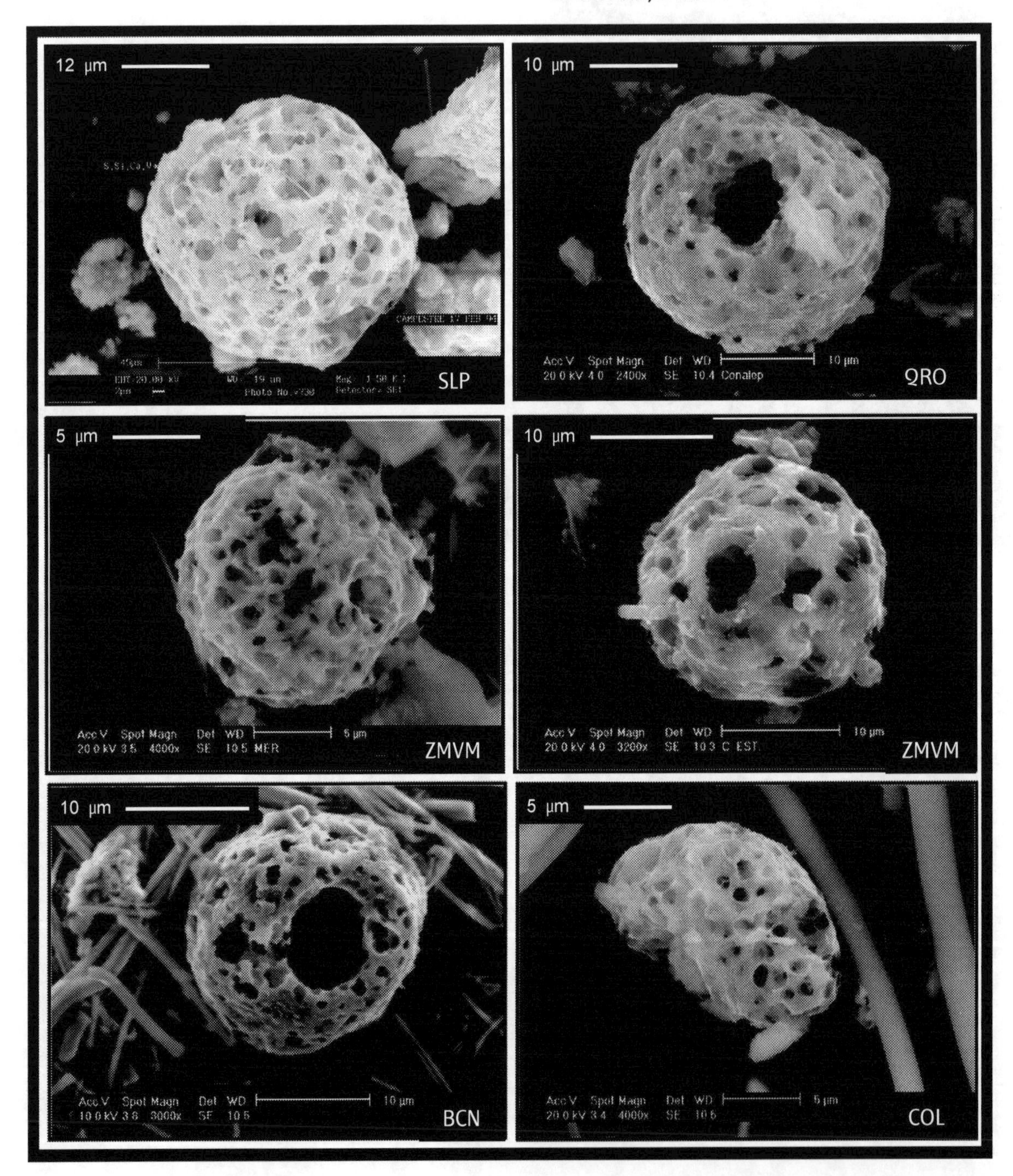

II-B. PARTÍCULAS RESULTANTES DE USO DE DIESEL Y OTROS COMBUSTIBLES

CARBÓN o "BLACK CARBON"

TIPO DE ORIGEN:
Principalmente por el uso de diesel en vehículos automotrices, y de otros combustibles.
Típicas de sitios que presentan un elevado tránsito vehicular.

DESCRIPCIÓN:
Aglomerados de partículas finas de carbón.

SITIOS:
Ciudad de Querétaro y ZMVM.

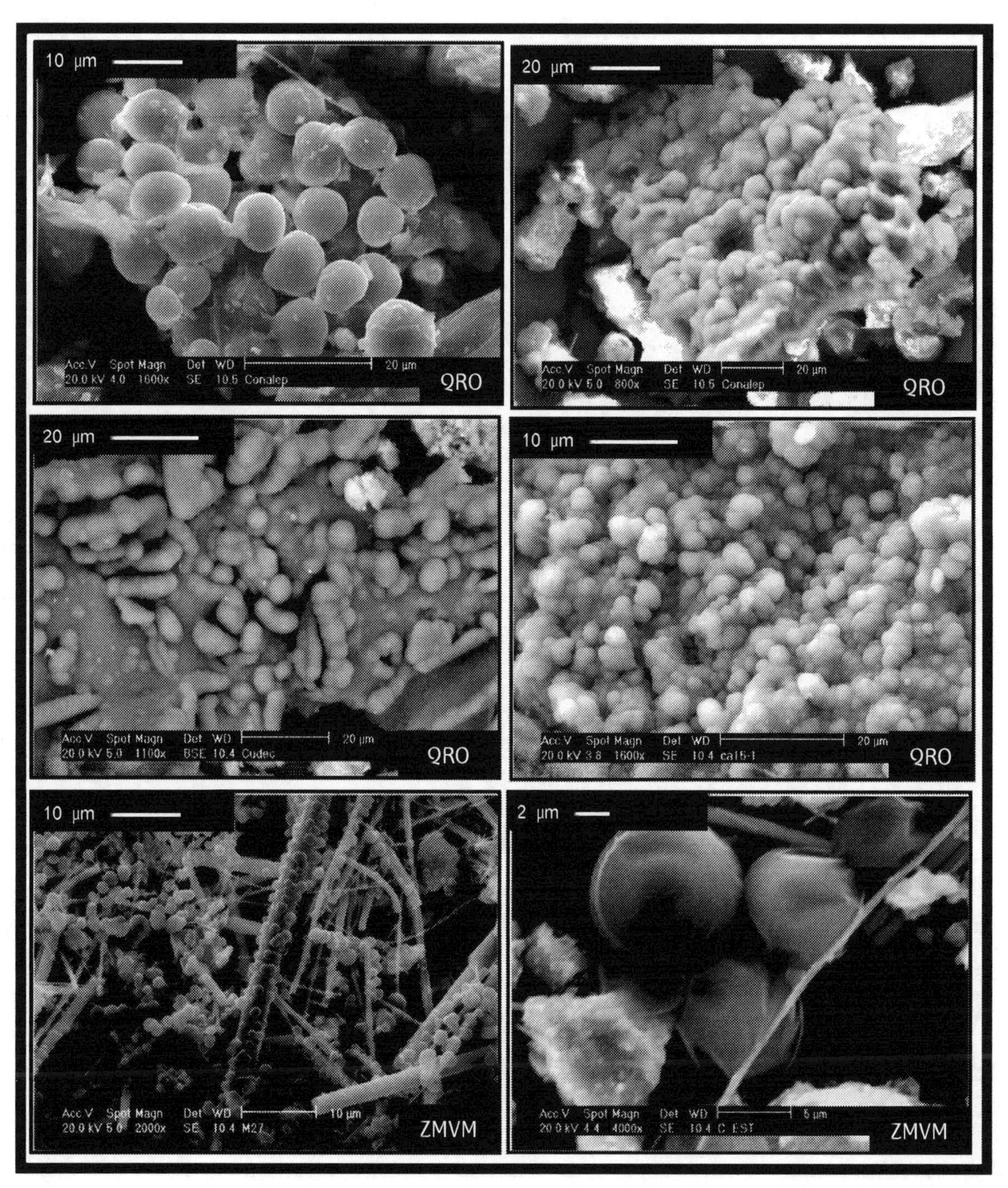

II-B. PARTÍCULAS RESULTANTES DE USO DE DIESEL Y OTROS COMBUSTIBLES

CARBÓN o "BLACK CARBON" *(continuación)*

TIPO DE ORIGEN:
Principalmente por el uso de diesel en vehículos automotrices, y de otros combustibles para transporte marítimo. Típicas de sitios que presentan un elevado tránsito vehicular.

DESCRIPCIÓN:
Aglomerados de partículas finas de carbón.

SITIO:
Barcelona.

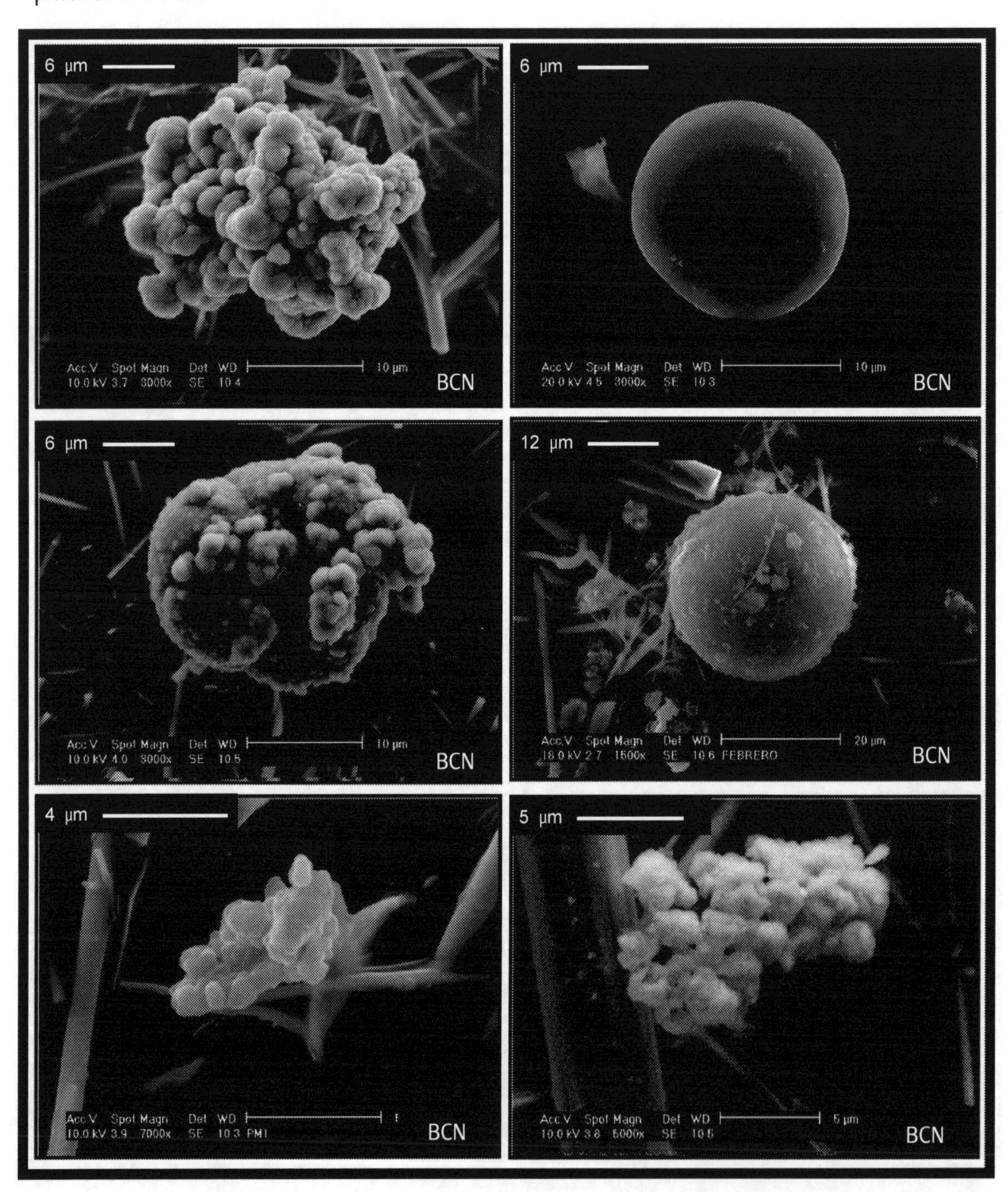

II-B. PARTÍCULAS RESULTANTES DE USO DE DIESEL Y OTROS COMBUSTIBLES

CARBÓN o "BLACK CARBON"
(continuación)

TIPO DE ORIGEN:
Principalmente por el uso de diesel en vehículos automotrices, y de otros combustibles para transporte marítimo. Típicas de sitios que presentan un elevado tránsito vehicular.

DESCRIPCIÓN:
Aglomerados de partículas finas de carbón.

SITIO:
Barcelona.

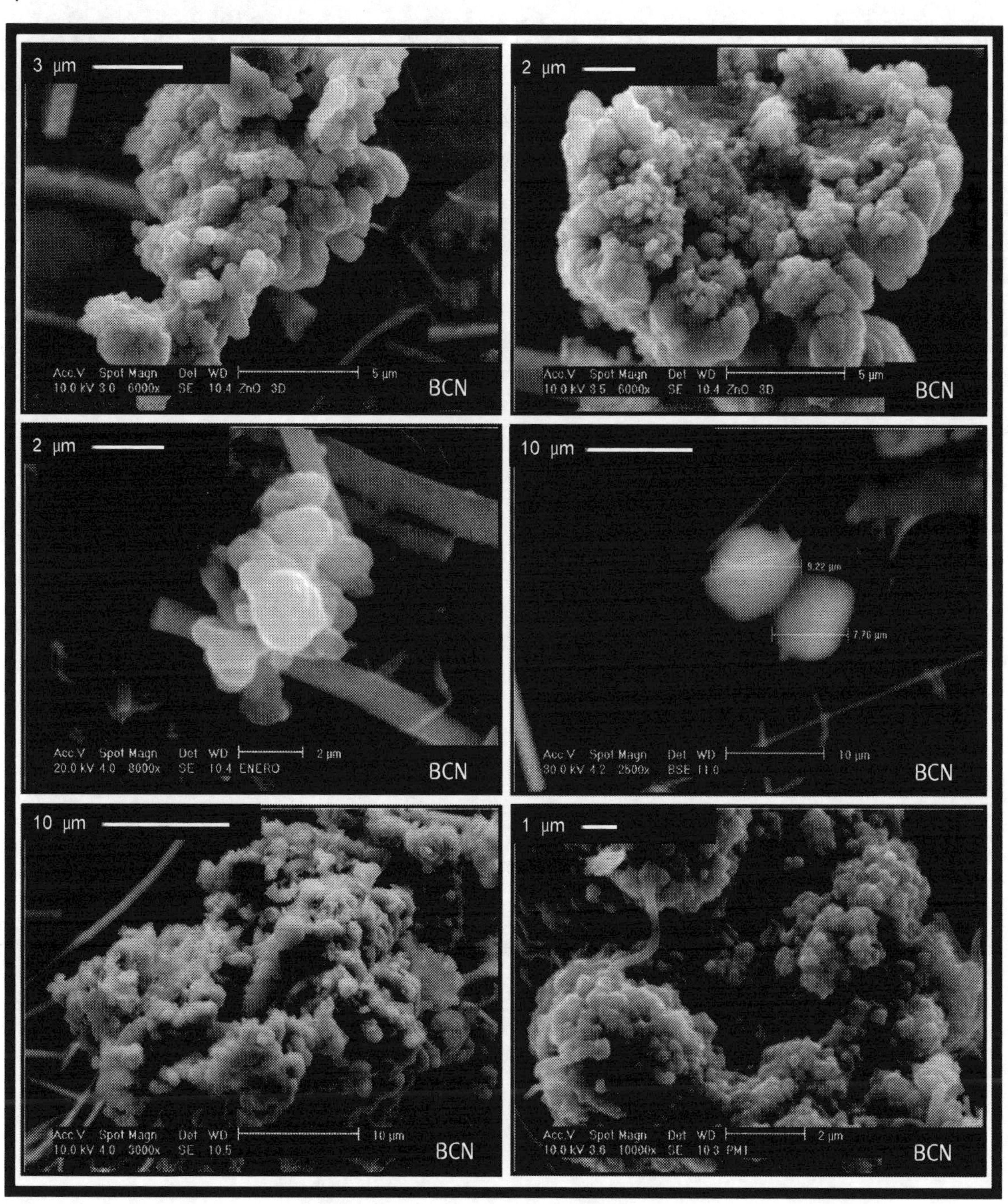

II-C. PARTÍCULAS DESPRENDIDAS DE LA QUEMA DE BIOMASA

CARBÓN

TIPO DE ORIGEN:
Desprendidas durante la quema intencional de biomasa (caña de azucar).

DESCRIPCIÓN:
Partículas con características propias de material biológico: polen, esporas y partes de insectos (brochosomas).

SITIO:
Colima.

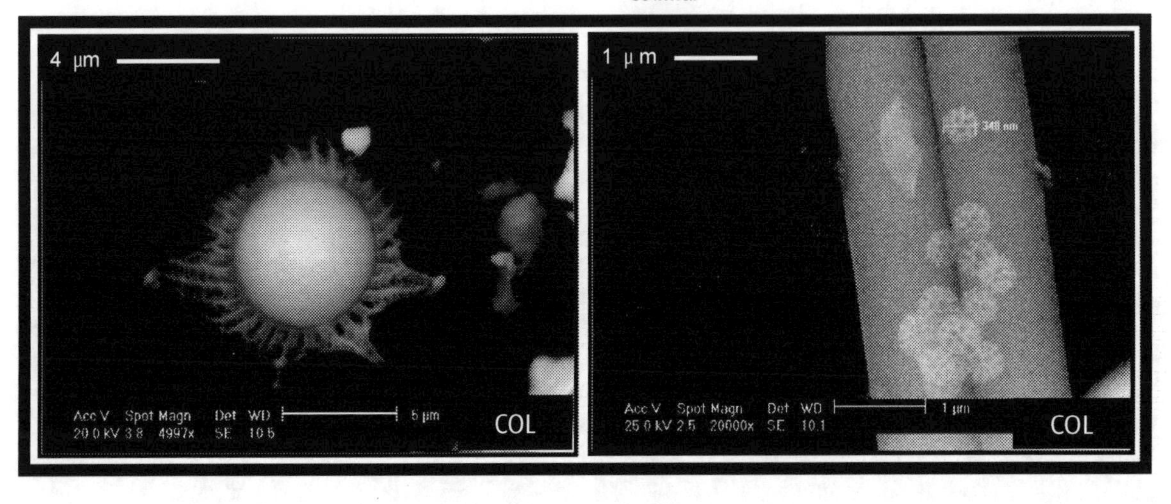

GRUPO III. PARTÍCULAS CON ELEMENTOS LIGEROS PERO QUE INDICAN ACTIVIDAD ANTROPOGÉNICA POR SU ELEVADA ABUNDANCIA RELATIVA.

III. PARTÍCULAS CON ELEMENTOS LIGEROS

III-A. Partículas de fosfatos de calcio

El origen de las partículas de fosfatos de calcio se relaciona con fuentes de tipo antropogénico por presentar una morfología esferoidal, además de presentarse en sitios con actividad industrial. La forma esférica de las partículas es completamente diferente a la que presentan las partículas de apatita, que corresponde al fosfato de calcio de origen natural ($(Ca_5(PO_4)_3(OH))$).

Estas partículas fueron detectadas en las ciudades de San Luis Potosí, de Querétaro, y en la ZMVM. Aunque el tamaño predominante se encuentra entre 1 y 5 μm, algunas partículas pueden superar los 10 μm.

Para determinar el origen de las partículas, se realizó una toma de las emisiones que se producen cuando el aceite automotriz usado se emplea nuevamente por industrias como combustible para sus procesos; el resultado del estudio por microscopía realizado a las partículas recolectadas, reveló la presencia de partículas esféricas de fosfatos de calcio (Campos, 2005).

El fosfato de calcio es usado como aditivo en lubricantes, lo cual explica su presencia en aceites automotrices.

III-B. Partículas de sulfatos de calcio

Estas partículas se clasifican en dos grupos por el diferente tipo de morfología que presentan, así como diferencias en el tamaño.

III-B1- El primer grupo de partículas es característico de la ciudad de San Luis Potosí, las partículas presentan una morfología y composición química idénticas a la fase mineral conocida como anhidrita ($CaSO_4$), sin embargo, la abundancia relativa es alta y esto se debe a la actividad minero metalúrgica, cuyos procesos dan lugar a la formación de estas partículas que generalmente se presentan en agregados. En menor grado también encontramos otra fase mineral conocida como yeso, en donde su elevada abundancia relativa es debida a empresas que almacenan y comercializan el yeso para la construcción.

III-B2- El segundo grupo de partículas es característico de la ciudad de Barcelona, en este caso se trata de partículas de origen secundario, ya que es el resultado de la reacción química de partículas de carbonatos de calcio con el dióxido de azufre generado por la utilización de combustibles, y la elevada humedad relativa del aire. Los carbonatos de calcio son abundantes en la zona debido al tipo de suelo calcáreo característico de la región, y que es aprovechado por la industria de la construcción.

Por tratarse de partículas secundarias, los tamaños de partícula tienden a ser muy finos (PM2.5 y PM1) y se presentan en agregados, presentan formas cristalinas similares a la fase mineral conocida como yeso ($CaSO_4 \cdot 2H_2O$).

Estudios realizados por McGovern y col., (2002) señalan que las partículas de sulfato de calcio antropogénico se encuentran de forma importante en la atmósfera de Barcelona debido a la sulfatación de calcita por la deposición de dióxido de azufre, lo cual produce la erosión de las partículas de calcita, al ser promovida por la porosidad e higroscopicidad de las partículas.

En la ciudad de Colima encontramos partículas similares y su presencia es posible debida a su formación secundaria inducida por las emisiones volcánicas de dióxido de azufre que reaccionan con partículas finas de carbonatos de calcio.

III-C. Partículas con óxidos de silicio-aluminio

Las partículas presentan morfología de tipo esférico, por lo cual se trata de partículas antropogénicas, cuya forma es debida a procesos de alta temperatura; en este caso, su presencia podría atribuirse a actividades desarrolladas dentro de la industria cerámica por a las altas temperaturas requeridas, aunado al uso de esmaltes (Teri y col., 2001 y 2004).

Estas partículas las encontramos de manera abundante en la ciudad de Barcelona (Duarte, 2010), aunque también se encontraron en menor cantidad en el resto de los sitios estudiados.

En la ciudad de Colima también se encontraron partículas similares de óxidos de silicio y con presencia de cloro en su composición, sus tamaños son inferiores a 5 μm y se ha reportado que están relacionadas con la quema de cultivos agrícolas, Shi y col. (2003, 2005).

III-D. Partículas de fluoruro de calcio

Estas partículas son abundantes en el aire de la ciudad de San Luis Potosí, la morfología y composición química corresponde con la fase mineral fluorita (CaF_2); sin embargo, estas partículas deben considerarse de origen antropogénico, ya que su elevada abundancia relativa es originada por actividades de transporte, trituración y molienda del mineral, que se realizan dentro de la zona industrial de la ciudad, además de que se almacena en patios al aire libre, que deja expuesto el material al transporte y dispersión eólica; recordemos también que el Estado de San Luis Potosí es el primer productor de fluorita a nivel mundial.

III-A. RESIDUOS DE LA QUEMA DE ACEITE AUTOMOTRIZ

FOSFATOS DE CALCIO

TIPO DE ORIGEN:
Residuos generados al utilizar como combustible los remanentes de aceite lubricante automotriz que ya fue usado.

DESCRIPCIÓN:
Partículas esféricas de fosfatos de calcio.

SITIOS:
Ciudad de San Luis Potosí, Querétaro y ZMVM.

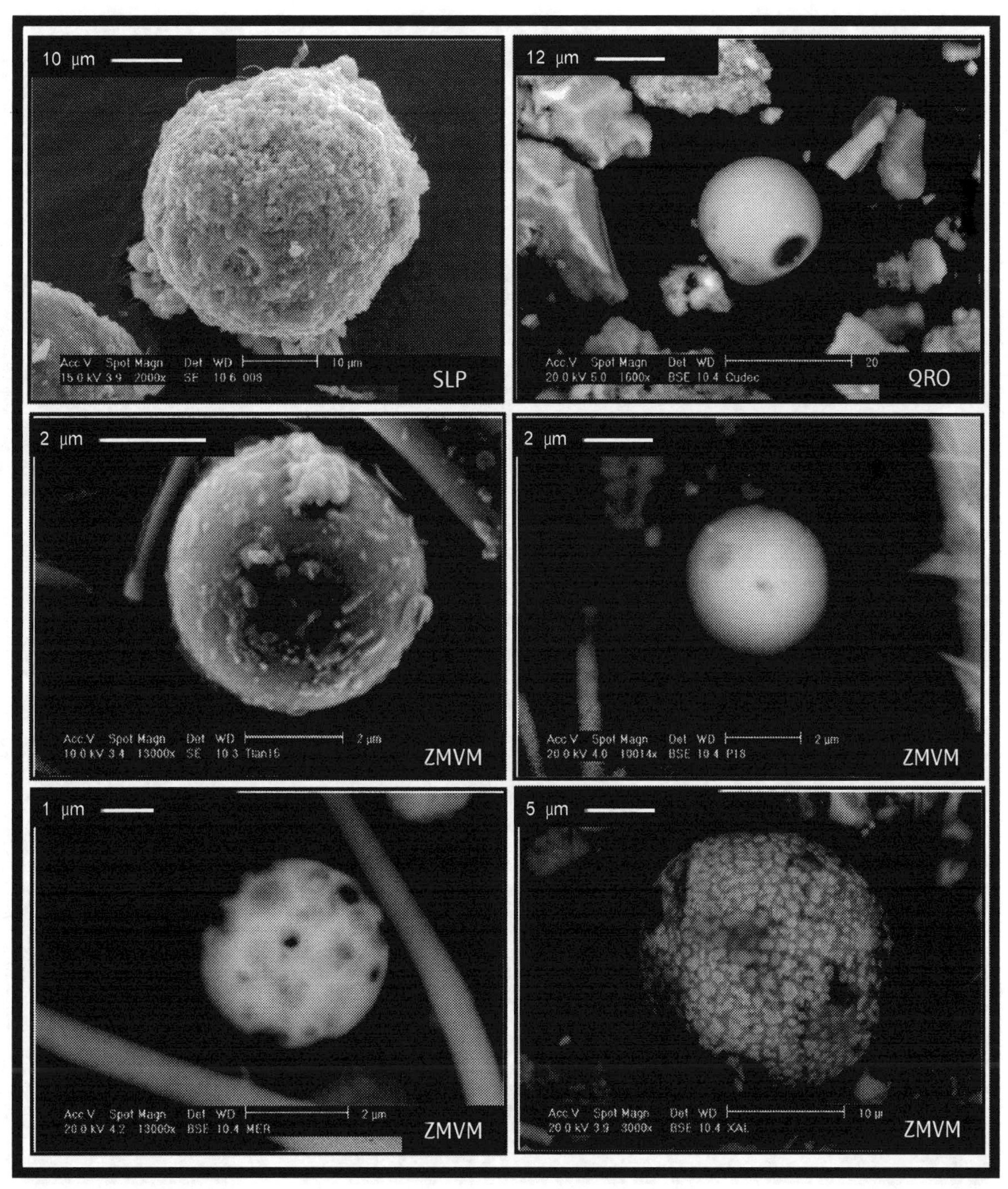

III-B. SULFATOS DE CALCIO GENERADOS EN PLANTAS MINERO-METALÚRGICAS

III-B1. SULFATOS DE CALCIO

$CaSO_4$ y $CaSO_4 \cdot 2H_2O$ y (misma composición de los minerales ANHIDRITA y YESO respectivamente).

TIPO DE ORIGEN

Anhidita: procesos minero metalúrgicos.
Yeso: posible industria de la construcción.

DESCRIPCIÓN:

Anhidrita: agregados de partículas de hábito prismático.
Yeso: agregados radiales de cristales aciculares (como agujas).

SITIO:

Ciudad de San Luis Potosí.

III-B. PARTÍCULAS CON SULFATOS DE CALCIO DE ORIGEN SECUNDARIO

III-B2. SULFATOS DE CALCIO

$CaSO_4 \bullet 2H_2O$ (misma composición del mineral conocido como YESO)

TIPO DE ORIGEN:
La mayor parte pueden ser partículas de formación secundaria a causa de presencia de dióxido de azufre y alta humedad relativa que reaccionan con carbonatos de calcio.

DESCRIPCIÓN:
Aglomerados de partículas cristalinas muy finas de varios hábitos cristalinos prismáticos y foliados.

SITIO:
Ciudades de Colima y Barcelona.

III-C. ÓXIDOS DE SILICIO Y DE ALUMINIO

ÓXIDOS DE SILICIO-ALUMINIO
SiO_2 , $SiO_2.xAl_2O_3$

TIPO DE ORIGEN:
Posiblemente de la industria cerámica.

DESCRIPCIÓN:
Partículas esféricas originadas de procesos de altas temperaturas, y de incendios agrícolas.

SITIOS:
Ciudades de Colima y Barcelona.

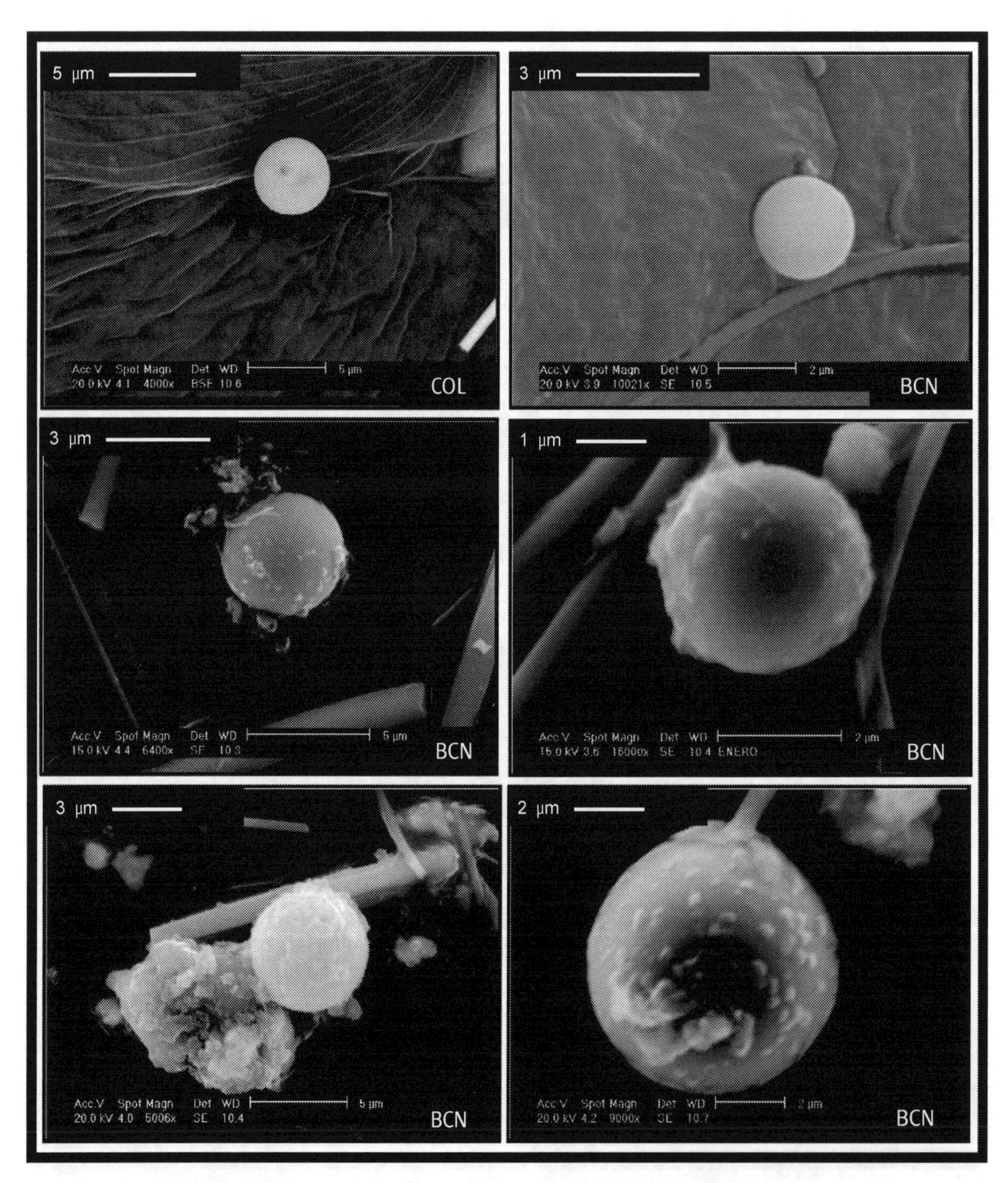

III-D. PARTÍCULAS DE FLUORITA GENERADAS POR TRITURACIÓN Y MOLIENDA

FLUORITA

CaF_2

TIPO DE ORIGEN:

Por transporte eólico de materia triturado almacenado.

DESCRIPCIÓN:

Partículas de las mismas características del mineral fluorita pero con una abundancia relativa alta en el aire.

SITIO:

Ciudad de San Luis Potosí.

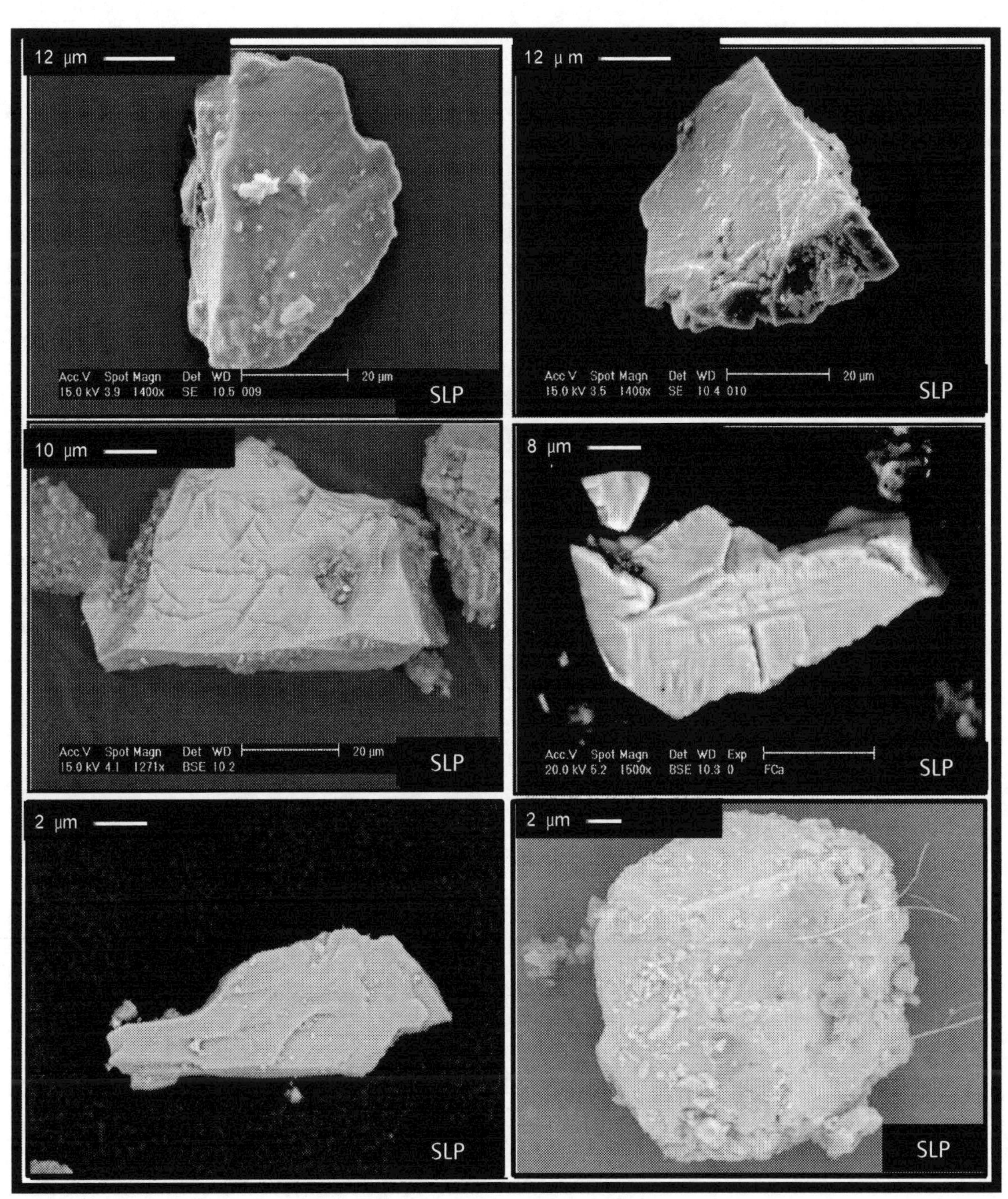

GRUPO IV. PARTÍCULAS CON OTROS ELEMENTOS METÁLICOS DE ESCASA RECURRENCIA EN EL AIRE.

IV. PARTÍCULAS CON OTROS ELEMENTOS METÁLICOS

IV-A. Partículas con molibdeno

La partículas atmosféricas detectadas se presentan bajo la forma de sulfuro de molibdeno, la composición y morfología corresponde a la fase mineral conocida como molibdenita (MoS_2). Estas partículas las encontramos en sitios en donde se desarrolla intensa actividad industrial, en este caso, la ciudad de Querétaro (Gasca, 2007), la ZMVM (Labrada ,2006), y en la ciudad de Barcelona (Duarte, 2010). La presencia de estas partículas probablemente está asociada al uso de molibdeno por industrias del acero; aunque no se descarta su origen natural ya que estas partículas son relativamente escasas, sobre todo en la ciudad de Barcelona.

IV-B. Partículas con tungsteno

Estas partículas se presentan en forma metálica mostrando formas irregulares, lo cual indica un origen antropogénico; el tungsteno metálico no se presenta de forma natural, sino que viene asociado químicamente a calcio en una fase mineral conocida como scheelita ($CaWO_4$).

El tungsteno metálico en el aire puede atribuirse a emisiones de la industria del acero, ya que este elemento se utiliza para formar aleaciones de alta dureza. El tungsteno también está presente en la composición de las grandes maquinarias que se utilizan para pulir, cortar y moldear metales, por lo que el desprendimiento de partículas finas por desgaste es muy factible.

Las partículas fueron identificadas en sitios en donde existen importantes industrias del acero, en este caso en la zonas industriales de la ciudad de Querétaro (Gasca, 2007), y en la ZMVM (Labrada, 2006). La mayor parte de las partículas se encuentra en el intervalo de tamaño PM2.5, y una minoría superan los 10 μm.

IV-C. Partículas con titanio

Las partículas son de tipo antropogénico y corresponden a óxidos de titanio (TiO_2) de morfolología esférica; en contraparte, la mayor parte de las partículas de óxido de titanio naturales corresponden a la fase mineral conocida como rutilo, cuya morfología es completamente distinta a la forma mineral cuyas partículas presentan ángulos característicos.

Estas partículas antropogénicas fueron identificadas en las zonas industriales de ciudad de Querétaro (Gasca, 2007) y de la ZMVM (Labrada, 2006).

Todas las partículas se encuentran dentro del intervalo de tamaño PM10; sin embargo, cuando las partículas forman conglomerados, el tamaño individual de cada una de las partículas se encuentra en la escala nanométrica.

Su origen puede estar relacionado con la industria de la pailería, ya que las varillas de soldadura tienen un recubrimiento de titanio. Las pinturas también contienen concentraciones de titanio. En el caso particular de la zona norte del Valle de México, en donde existe importante taller de pintura de empresa automotriz, los aerosoles de pintura pueden ser el motivo principal de la presencia de estas partículas.

IV-D. Partículas con níquel-vanadio

Estas partículas poseen níquel y vanadio en su composición y presentan morfología esférica; ambas características no corresponden con formas minerales naturales, por lo cual su origen es de tipo antropogénico.

En estudios realizados en la ciudad de San Luis Potosí (Aragón, 1999) encontramos partículas atmosféricas ricas en carbono y azufre que se compararon con las partículas resultantes de emisiones generadas por la quema de combustóleo, en donde se encontraron presentes pequeñas partículas (PM2.5), cuya morfología y composición es muy similar a las partículas individuales de níquel-vanadio, por lo que ésta podría ser la principal fuente generadora de este tipo de partículas.

Estas partículas atmosféricas fueron encontradas en las ciudades de San Luis Potosí, de Querétaro, de Colima, y en la ZMVM, en donde el uso del combustóleo está presente.

IV-E. Partículas con estaño

Las formas antropogénicas presentan morfologías esféricas mayormente, y prácticamente sólo estaño en su composición (Campos, 2005; Gasca, 2007); aunque también en menor grado, las partículas pueden presentar formas irregulares que contienen además de estaño, elementos como plomo, cobre y hierro. Ambas formas son distintas a la especie mineral de estaño conocida como casiterita (SnO_2).

Estas partículas antropogénicas fueron detectadas en las ciudades de San Luis Potosí y de Querétaro.

Las emisiones de partículas de estaño al aire se atribuyen principalmente a los procesos de combustión del petróleo y carbón (ATSDR, 2009), también puede estar presente en el aire por actividades humanas por el uso de compuestos de estaño (perfumes, jabones, colorantes), una vez liberado al ambiente, el estaño forma compuestos inorgánicos como los óxidos (ATSDR, 2009).

IV-F. Partículas con antimonio

Estas partículas no coinciden con ninguna fase mineral, por lo que su origen se considera de tipo antropogénico; en este caso, las partículas corresponden a óxidos de antimonio, las cuales fueron detectadas en la zona norte del Valle de México y su tamaño se encuentra entre 1 y 5 µm (Labrada, 2006).

La procedencia de las partículas con antimonio podría estar asociada a la adición de óxidos de antimonio a textiles y plásticos para evitar que se incendien. También pequeñas cantidades de antimonio son liberadas al medio ambiente a través de incineradores, plantas generadoras de energía por combustión de carbón y refinerías de petróleo; el antimonio que sale por las chimeneas de estas plantas, se puede adherir a partículas muy pequeñas y permanecer varios días en el aire antes de depositarse en el suelo (ATSDR, 2009).

IV-G. Partículas con estroncio

Las partículas antropogénicas detectadas corresponden a carbonato de estroncio ($SrCO_3$), el cual se obtiene generalmente a partir del mineral conocido como celestita ($SrSO_4$). Estas partículas presentan formas aciculares prismáticas y fueron encontradas en el aire de la ciudad de Querétaro (Gasca, 2007).

El estroncio tiene sus principales aplicaciones en la industria del vidrio, ya que aumenta la dureza, el brillo, la facilidad de pulido y la resistencia al rayado. También se utiliza en el esmaltado de utensilios cerámicos, como compuesto en la pirotécnica, en la industria farmacéutica, como pigmento y como relleno en hule (SEDESU, 2006).

IV-H. Partículas con bismuto

Las partículas están constituidas por bismuto metálico y su presencia en el aire se atribuye a actividades industriales, ya que el bismuto se utiliza como fundente, en la manufactura de aleaciones de bajo punto de fusión empleadas en soldaduras especiales y también tiene aplicaciones en la industria farmacéutica (ATSDR, 2009).

Estas partículas fueron detectadas en el aire de la ciudad de San Luis Potosí (Aragón, 1999) y en la zona norte del Valle de México (Labrada, 2006), en sus respectivas zonas industriales.

IV-I. Partículas con plata

Estas partículas atmosféricas se componen de plata metálica y poseen formas características del desgarre metálico; su presencia en el aire puede estar asociada a diversas aplicaciones como son: fabricación de joyas, cubiertos, vajillas, equipo electrónico, empastaduras dentales, en la industria de la fotografía, en soldaduras, entre otros (ATSDR, 2009).

Las partículas fueron detectadas en la ciudad de San Luis Potosí (Aragón, 1999), en la ZMVM (Labrada, 2006), y en la ciudad de Barcelona (Duarte, 2010).

IV-J. Partículas con zirconio

Las partículas ricas en zirconio corresponden a la fase mineral del zircón ($ZrSiO_4$), la cual se encuentra ampliamente distribuida en la corteza terrestre y su presencia en el aire puede deberse a la erosión de suelo.

Sin embargo, el zirconio se utiliza en la industria de la cerámica y del vidrio, y aunque las partículas analizadas presentan una morfología coincidente con la fase mineral del zircón por sus ángulos y clivajes típicos, no se descarta la posible procedencia antropogénica; además, la mayor parte de estas partículas presentan tamaños entre 2 y 5 μm, lo cual podría ser el tamaño requerido para su empleo.

Estas partículas fueron detectadas en la ZMVM (Labrada, 2006) y en la ciudad de Querétaro (Gasca, 2007).

IV-K. Partículas con tierras raras

En este grupo la fase dominante corresponde a partículas de óxidos de cerio y lantano, la morfología característica es de tipo esférica y el tamaño predominante es de entre 1 y 3 μm.

La fase mineral con contenidos de tierras raras más común en la corteza terrestre es la monazita ($(Ce,La,Nd,Th,Y)PO_4$); sin embargo, las partículas encontradas no presentan esta composición ni la forma mineral de esta especie.

Las partículas encontradas reportan contenidos de hierro, por lo cual su procedencia podría atribuirse a la industria metal-mecánica, ya que el cerio se encuentra principalmente en una aleación del hierro. Los compuestos de cerio también se usan, en pequeñas cantidades, para la fabricación de vidrios, cerámicas, electrodos para arcos voltaicos, y celdas fotoeléctricas (AZojomo, 2000).

Otra fase encontrada dentro de este grupo es la que contiene itrio como elemento mayoritario. Estas partículas no tienen relación con la fase mineral de thalenita ($Y_2Si_2O_7$) ni con la de xenotima o espato de itrio (YPO_4). El itrio se utiliza para incrementar la resistencia de las aleaciones de aluminio-magnesio, como antioxidante de metales no férricos, en aleaciones de itrio-cromo para crear un metal muy resistente al calor, y para la producción de superconductores (Mellekh y col., 2006; Lenntech, 1998). Cualquiera de las actividades mencionadas podría generar las partículas que fueron encontradas, que en su mayoría presentaron tamaños por debajo de 1μm.

Estas partículas fueron detectadas en la ZMVM (Labrada, 2006).

IV-L. Partículas con mercurio

Estas partículas se presentan de manera muy ocasional en el aire, y están constituidas por sulfuro de mercurio que probablemente podría tratarse del mineral conocido como cinabrio (HgS); sin embargo, su presencia en el aire también podría estar asociada a algún proceso antropogénico, sobre todo las que presentan una forma esférica. Estas partículas de sulfuro de mercurio fueron encontradas en la ciudad de Querétaro (Gasca, 2007) y en la ZMVM (Labrada, 2006). En la ciudad de San Luis Potosí, encontramos una partícula constituida por mercurio y cobre, probablemente asociada a las actividades minero metalúrgicas (Aragón, 1999).

IV-A. PARTÍCULAS CON MOLIBDENO

SULFURO DE MOLIBDENO
MoS_2 *(composición idéntica al mineral MOLIBDENITA).*

TIPO DE ORIGEN:
Posiblemente en la industria del acero.

DESCRIPCIÓN:
Partículas con características del mineral molibdenita.

SITIOS:
Ciudad de Querétaro, ZMVM y Barcelona.

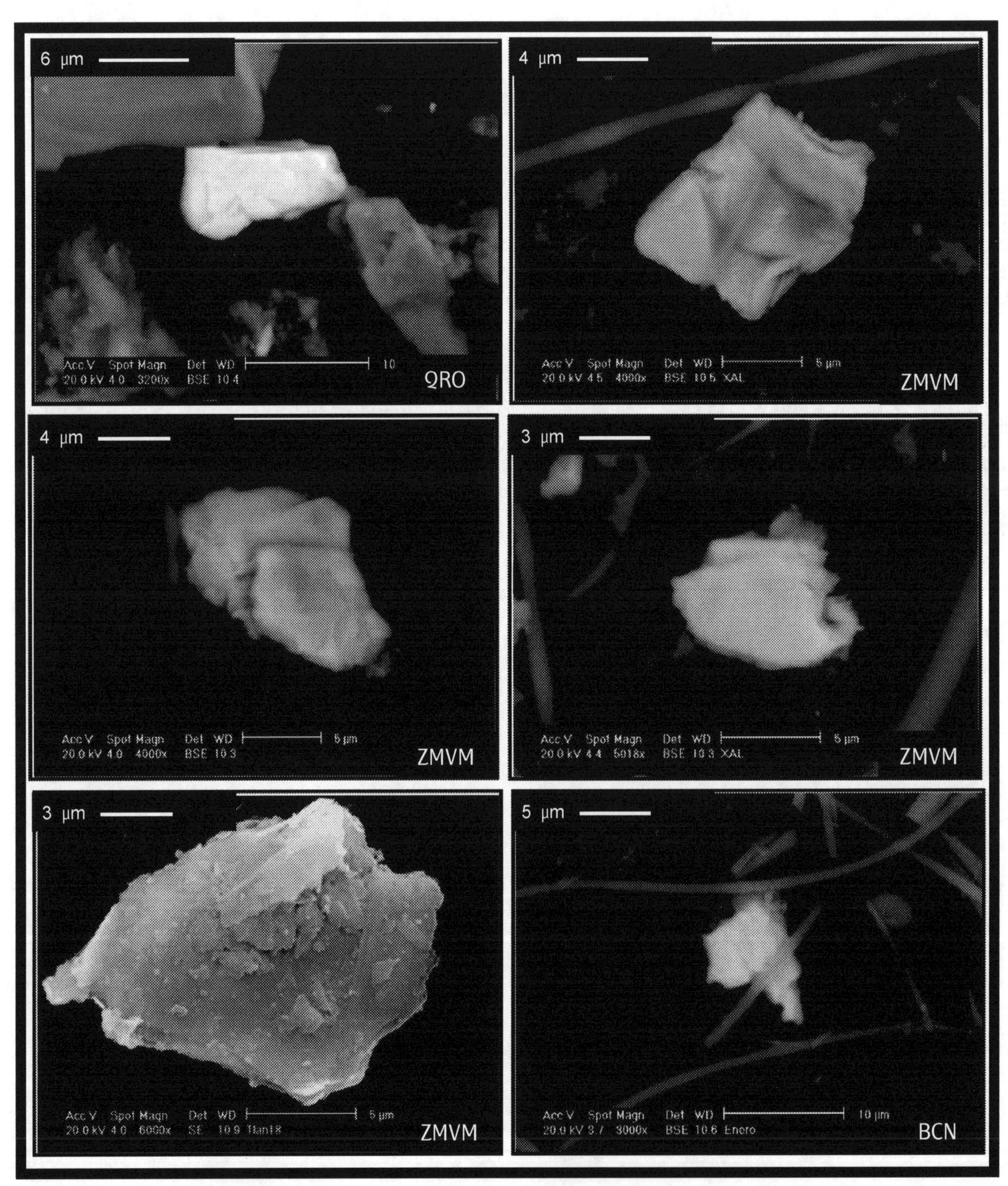

IV-B. PARTÍCULAS CON TUNGSTENO

TUNGTENO
W

TIPO DE ORIGEN:
Posiblemente de industrias del acero.

DESCRIPCIÓN:
Partículas metálicas de formas irregulares y laminares

SITIOS:
Ciudad de Querétaro y ZMVM.

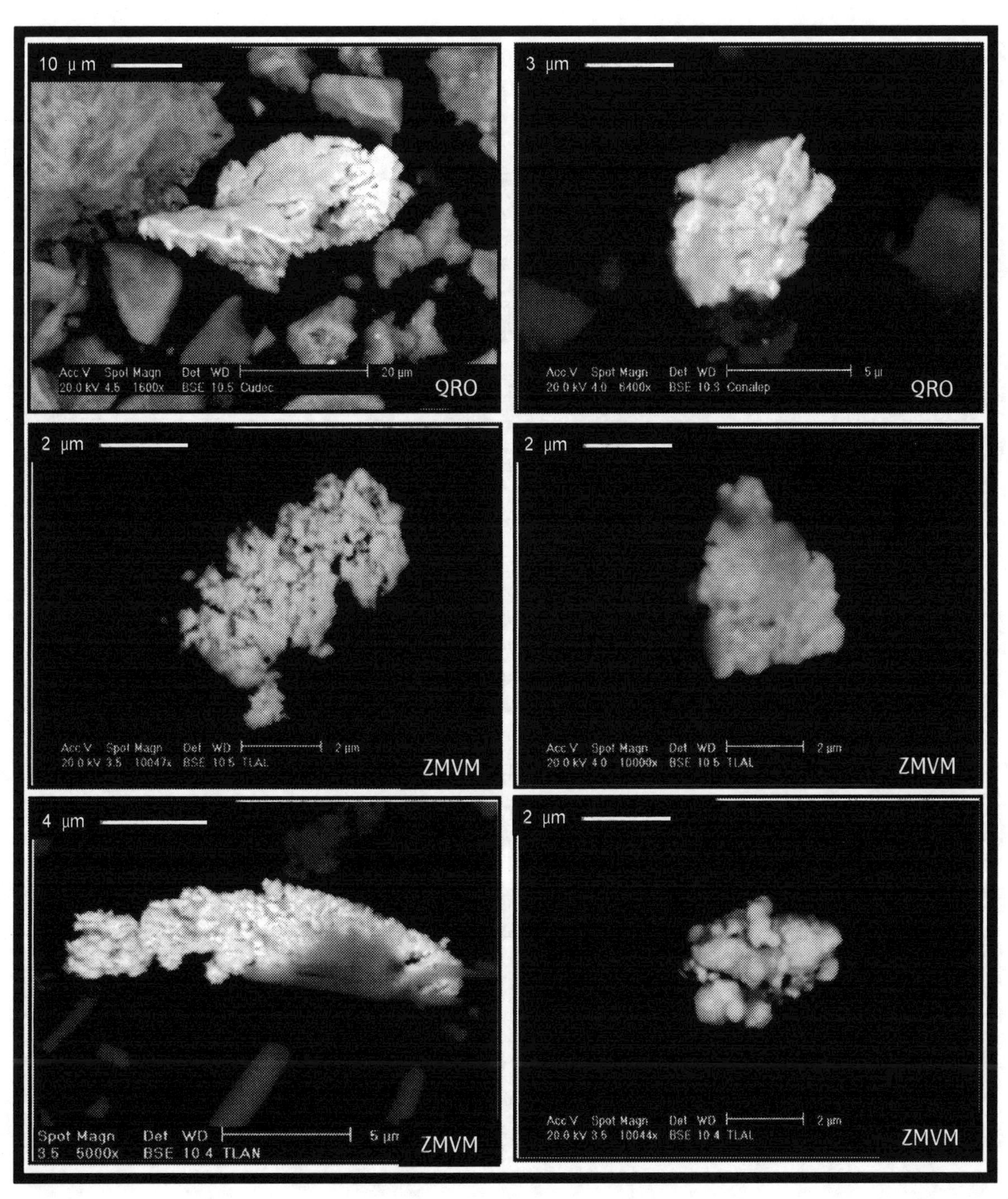

IV-C. PARTÍCULAS CON TITANIO

ÓXIDOS DE TITANIO

TiO_2

TIPO DE ORIGEN:

Industrias de pigmentos y pinturas (rutilo), recubrimientos para varillas de soldadura.

DESCRIPCIÓN:

Partículas esféricas individuales y en aglomerados.

SITIOS:

Ciudad de San Luis Potosí y ZMVM.

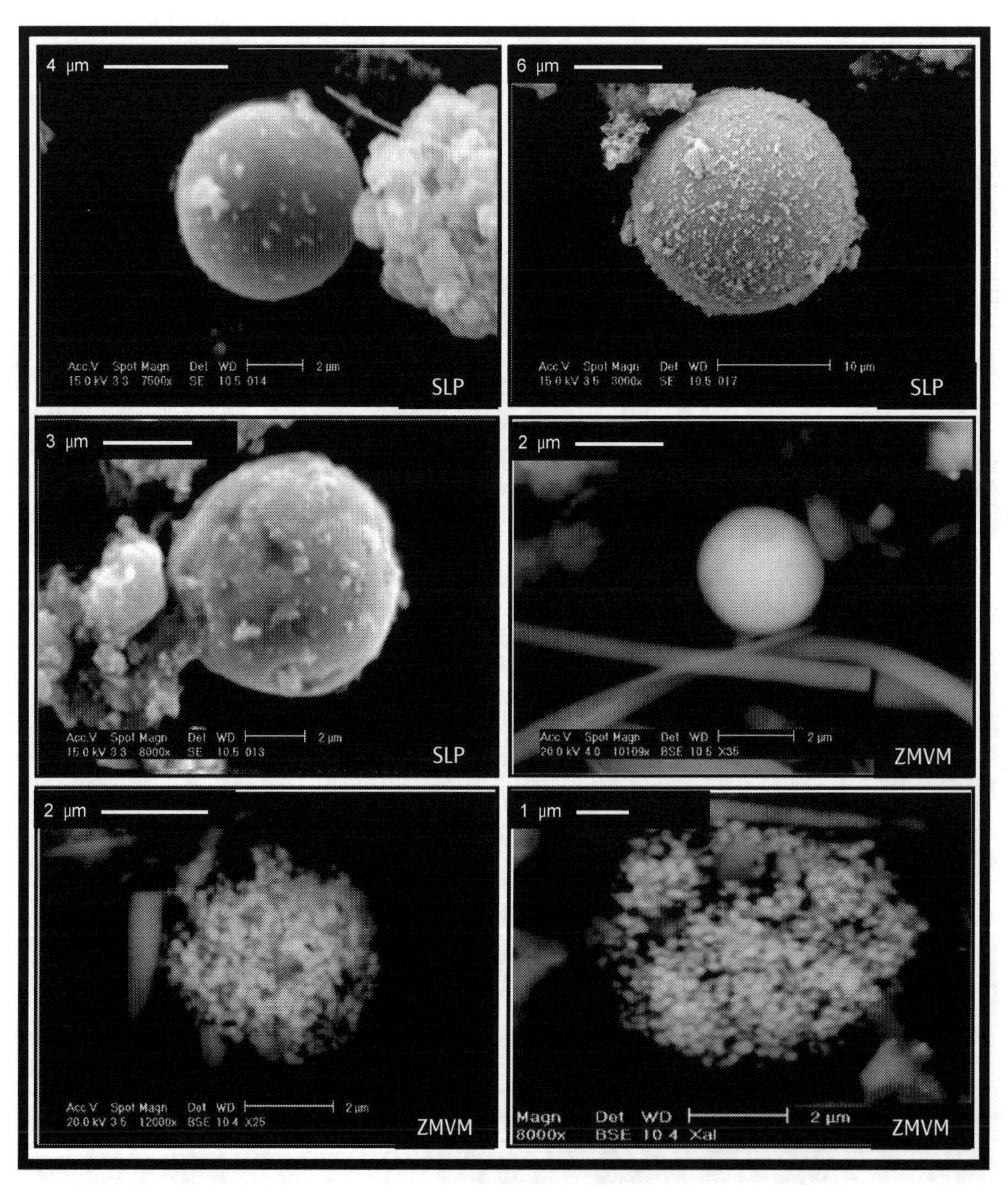

IV-D. PARTÍCULAS CON NÍQUEL-VANADIO

NÍQUEL-VANADIO
Ni-V

TIPO DE ORIGEN:
Posiblemente de centrales termoeléctricas que emplean combustóleo para general energía, estos metales se encuentran en cantidades traza en el combustóleo.

DESCRIPCIÓN:
Partículas esféricas originadas por procesos que emplean altas temperaturas (quema de combustóleo).

SITIOS:
Ciudades de San Luis Potosí, Querétaro, Colima y ZMVM.

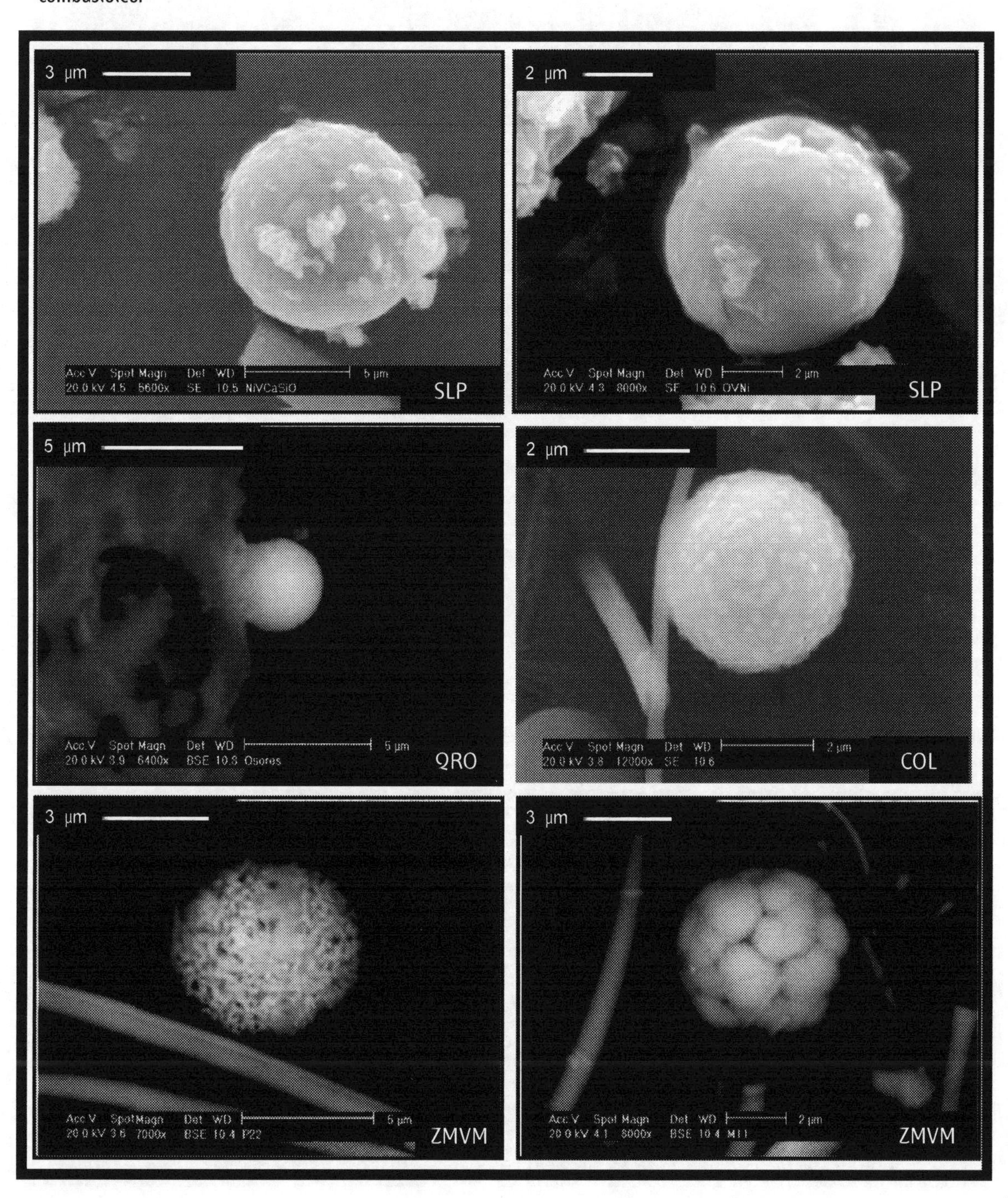

IV-E. PARTÍCULAS CON ESTAÑO

ESTAÑO
Sn

TIPO DE ORIGEN:
Posiblemente por procesos de combustión de petróleo y carbón.

DESCRIPCIÓN:
Partículas esféricas originadas por procesos que emplean altas temperaturas (quema de combustibles).

SITIOS:
Ciudades de San Luis Potosí y de Querétaro.

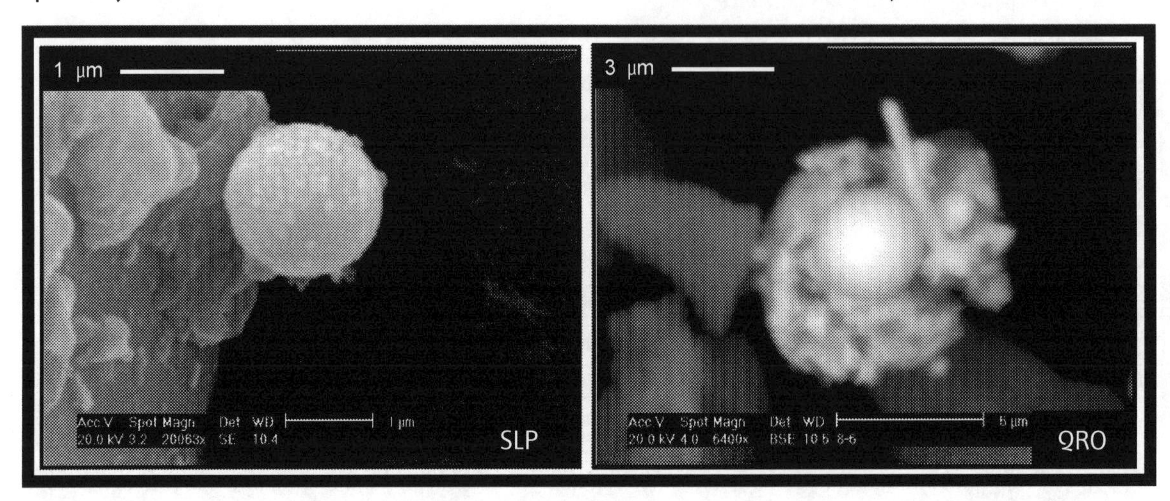

IV-F. PARTÍCULAS CON ANTIMONIO

TRIÓXIDO DE ANTIMONIO
Sb_2O_3

TIPO DE ORIGEN:
Posiblemente de incineradores, plantas generadoras de energía por combustión de carbón.

DESCRIPCIÓN:
Partículas de hábitos cristalinos de tendencia octaédrica (forma del trióxido de antimonio).

SITIOS:
ZMVM.

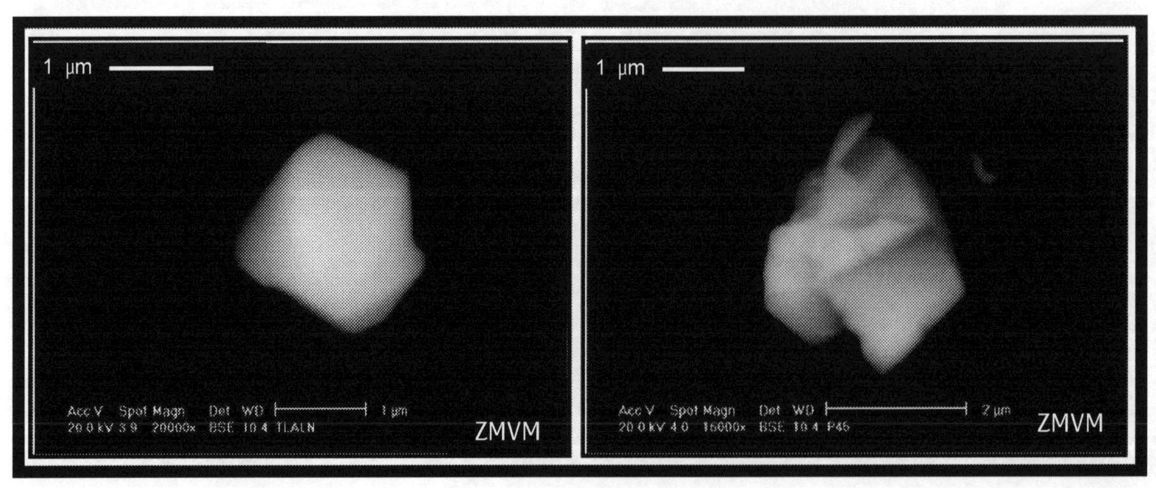

IV-G. PARTÍCULAS CON ESTRONCIO

CARBONATO DE ESTRONCIO
$SrCO_3$

TIPO DE ORIGEN:
Posible origen en la industria para recubrimientos utilizados en cinescopios de monitores. Utilizado también para juegos pirotécnicos.

DESCRIPCIÓN:
Aglomerados de partículas aciculares con hábito prismático. Se obtienen a partir del mineral celestita que corresponde al sulfato de estroncio.

SITIO:
Ciudad de Querétaro.

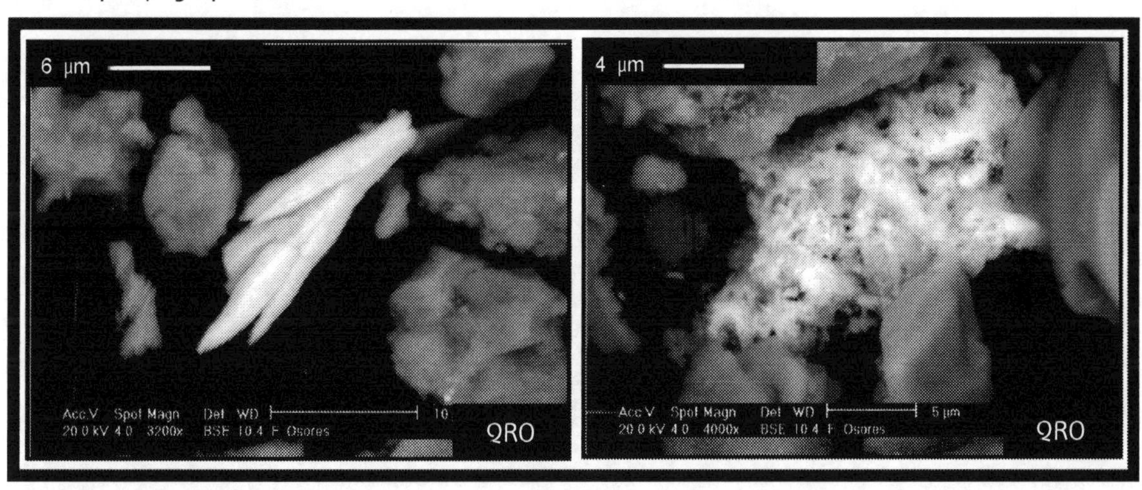

IV-H. PARTÍCULAS CON BISMUTO

BISMUTO METÁLICO
Bi

TIPO DE ORIGEN:
Minero-metalúrgico de refinería de cobre, y otros no determinados.

DESCRIPCIÓN:
Partículas metálicas irregulares, de ángulos característicos y también de hábito acicular (como agujas).

SITIOS:
Ciudad de San Luis Potosí y ZMVM.

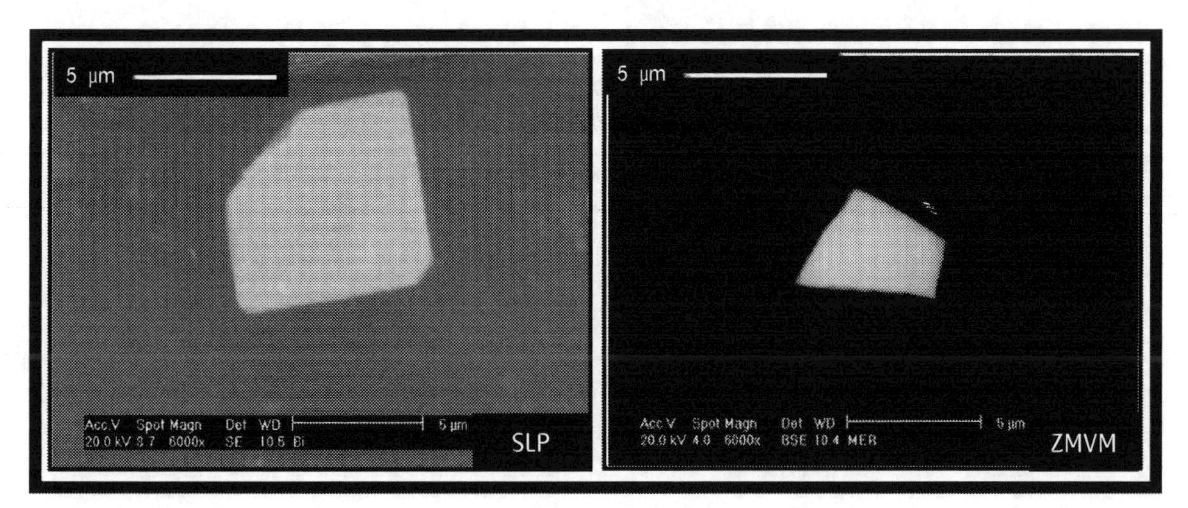

IV-I. PARTÍCULAS CON PLATA

PLATA METÁLICA
Ag

TIPO DE ORIGEN:
Minero-metalúrgico de refinería y posible industria de la orfebrería.

DESCRIPCIÓN:
Partículas metálicas de formas irregulares.

SITIOS:
Ciudad de San Luis Potosí, ZMVM y Barcelona.

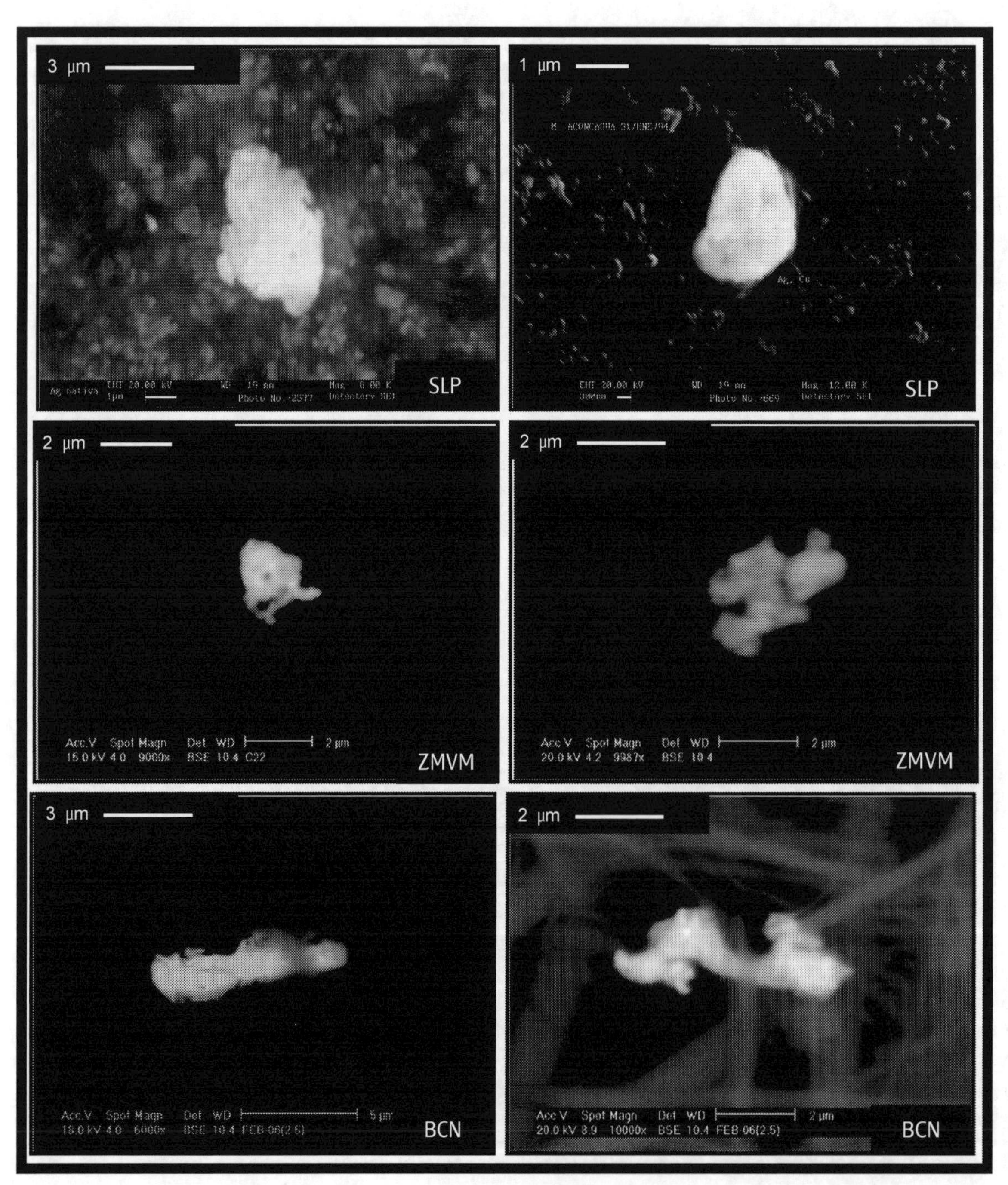

IV-J, K. PARTÍCULAS CON ZIRCONIO Y TIERRAS RARAS

ZIRCÓN y TIERRAS RARAS
$ZrSiO_4$, CeO, LaO, YPO_3 *(ZIRCÓN, ÓXIDOS DE CERIO Y LANTANO, TALENITA, respectivamente)*.

TIPO DE ORIGEN:
Pueden provenir de la industria cerámica.

DESCRIPCIÓN:
Zircón: agregados de partículas de hábito prismático.
Tierras raras: partículas individuales y agregados prismáticos y globulares.

SITIOS:
Ciudad de Querétaro y ZMVM.

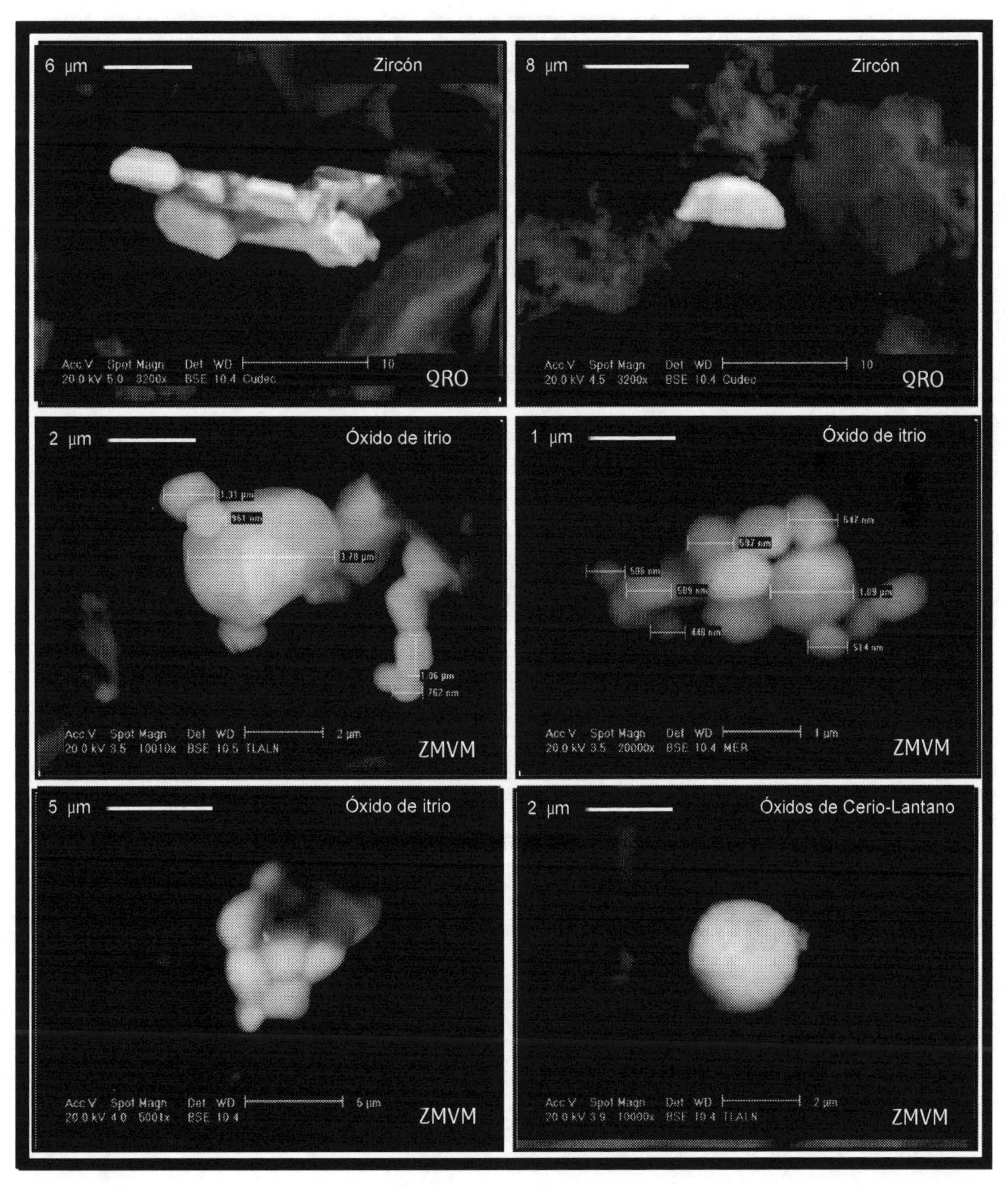

IV-L. PARTÍCULAS CON MERCURIO

MERCURIO-COBRE y SULFURO DE MERCURIO
Hg-Cu y HgS *(forma metálica, el otro similar al mineral sulfuroso CINABRIO, respectivamente).*

TIPO DE ORIGEN:
Minero-metalúrgico de refinería de cobre para la forma metálica, no determinada para el sulfuro.

DESCRIPCIÓN:
Partículas irregulares para la forma metálica. Partículas aglomeradas aciculares para el sulfuro.

SITIOS:
Ciudades de San Luis Potosí *(Hg-Cu)*, Querétaro *(HgS)* y ZMVM *(HgS).*

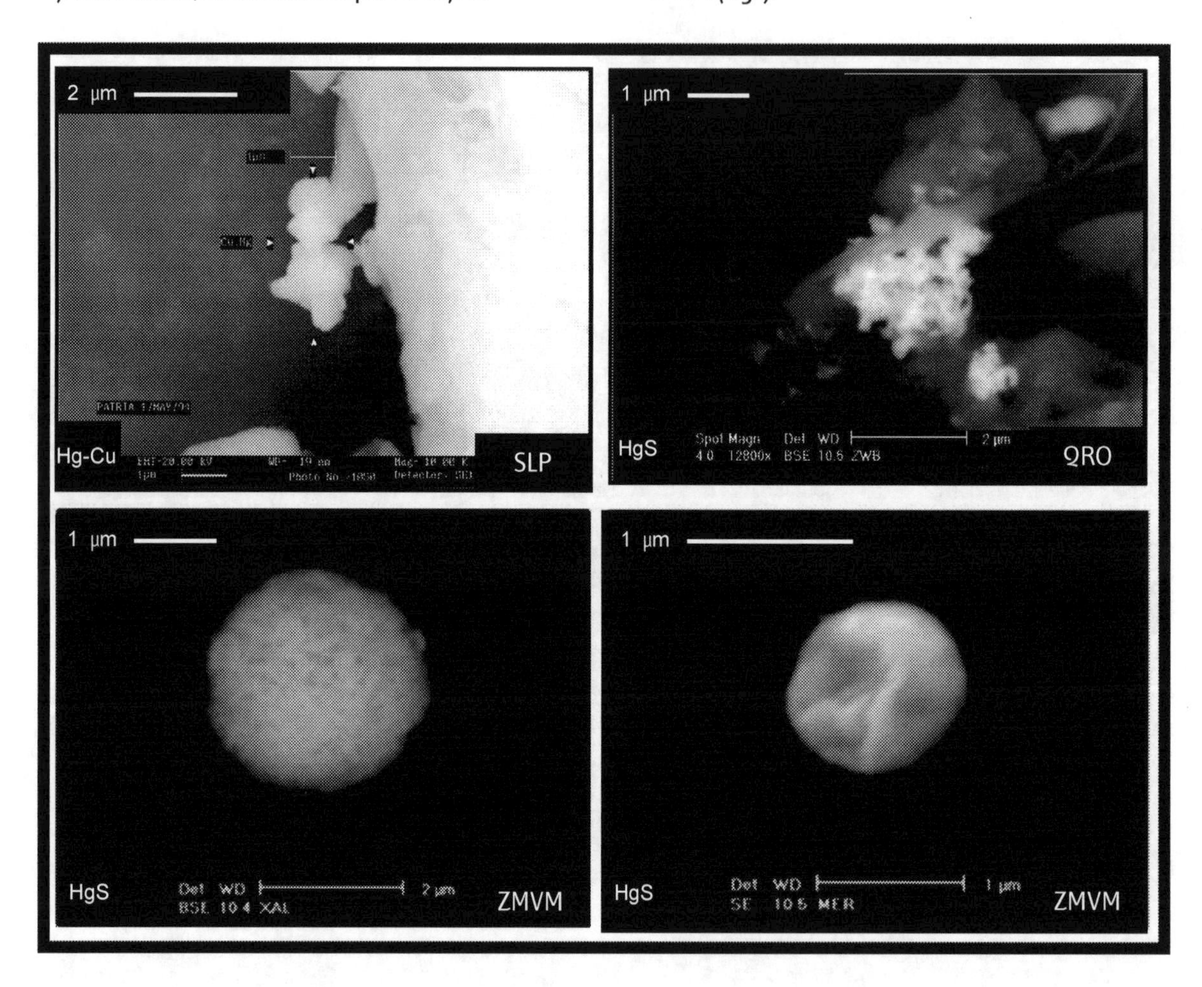

GRUPO V. PARTÍCULAS DE COMPUESTOS PRECURSORES DE FASES SECUNDARIAS.

V. PARTÍCULAS PRECURSORAS DE FASES SECUNDARIAS

V-A. Partículas de cloruro de sodio (aerosol marino)

Estas partículas son de tamaños menores a 10 µm y se encuentran presentes en sitios costeros, en este caso, las ciudades de Colima y de Barcelona. A consecuencia de estas partículas y por las condiciones de elevada humedad relativa y temperatura, en la atmósfera estarán presentes tanto iones de sodio como de cloro, cuya presencia puede desencadenar reacciones para dar lugar a la formación de partículas secundarias de nitratos y sulfatos de sodio; lo anterior dependerá también de la presencia de precursores gaseosos contaminantes del aire, como son el dióxido de azufre y óxidos de nitrógeno, que pueden formar ácido sulfúrico y nítrico respectivamente, debido a las condiciones de humedad del aire. En este caso, la procedencia del dióxido de azufre es muy distinta para las ciudades de Colima y de Barcelona; en Colima, las emisiones volcánicas pueden ser la principal contribución en un momento dado; mientras que para Barcelona, la principal fuente puede ser el uso de combustibles.

V-B. Partículas de carbonatos de calcio

En la ciudad de Barcelona fue encontrada una cantidad significativa de partículas de carbonatos de calcio por ser un mineral típico de la zona y que es utilizado ampliamente en la industria de la construcción. Las actividades de demolición y construcción generan partículas finas de tamaños máximos de 5 µm. En este caso las partículas secundarias principales que se generan, corresponden a sulfatos de calcio formadas por la reacción del carbonato de calcio con el ácido sulfúrico que está presente debido al dióxido de azufre y la humedad del ambiente; lo anterior explica el que se hayan encontrado abundantes partículas de sulfatos de calcio de finos tamaños de partícula (Duarte, 2010).

Adicionalmente, y sólo para este tipo de partículas, se realizó un estudio en la ciudad de Monterrey, México, en donde caracterizamos partículas atmosféricas en una zona industrial en que se trituraba piedra caliza para la industria de la construcción; aquí se encontró de manera muy abundante partículas de carbonatos de calcio de granulometría menor a 5 µm, y debido a la gran abundancia en el aire de estas partículas, la excesiva contaminación obligó a reubicar esta trituradora que afectaba de manera significativa a la población de la localidad.

V-A. PARTÍCULAS DE SAL MARINA

CLORURO DE SODIO
NaCl *(HALITA)*

TIPO DE ORIGEN:
Transportadas por la brisa marina .

DESCRIPCIÓN:
Partículas de hábito cúbico de origen natural; al reaccionar con compuestos antropogénicos, dan lugar a la formación de partículas secundarias.

SITIOS:
Barcelona, Ciudad de Colima.

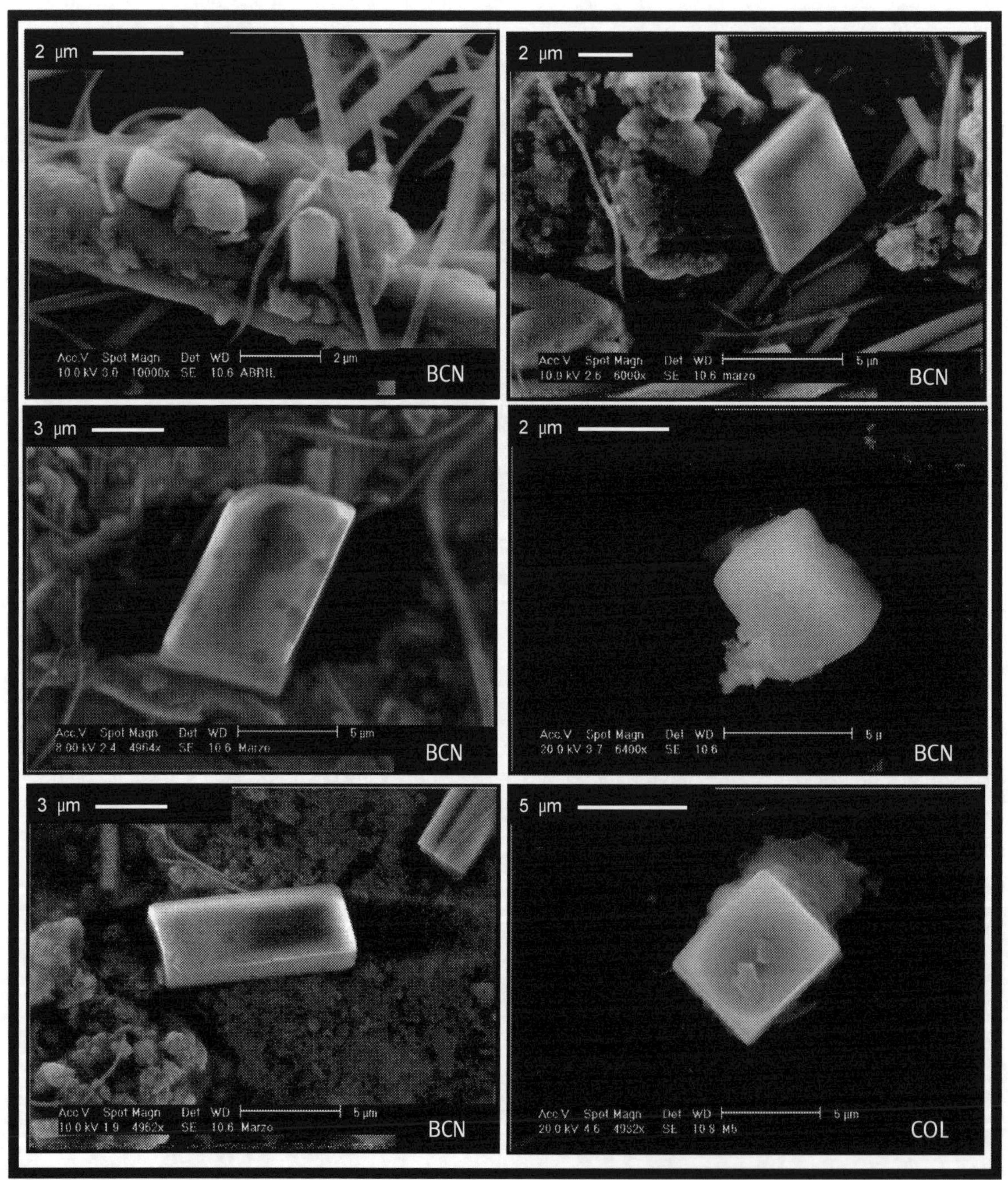

V-B. PARTÍCULAS CON CARBONATOS DE CALCIO

CARBONATOS DE CALCIO

$CaCO_3$ y $CaMg(CO_3)_2$ (CALCITA y DOLOMITA respectivamente.)

TIPO DE ORIGEN:

Cuando la abundancia relativa es alta, pueden provenir de la industria de la construcción.

DESCRIPCIÓN:

Partículas de origen antropogénico si provienen de la construcción. Por triturado y molienda, el tamaño de partícula es menor que las partículas de origen natural.

SITIOS:

Barcelona y Monterrey (MTY), Mex.

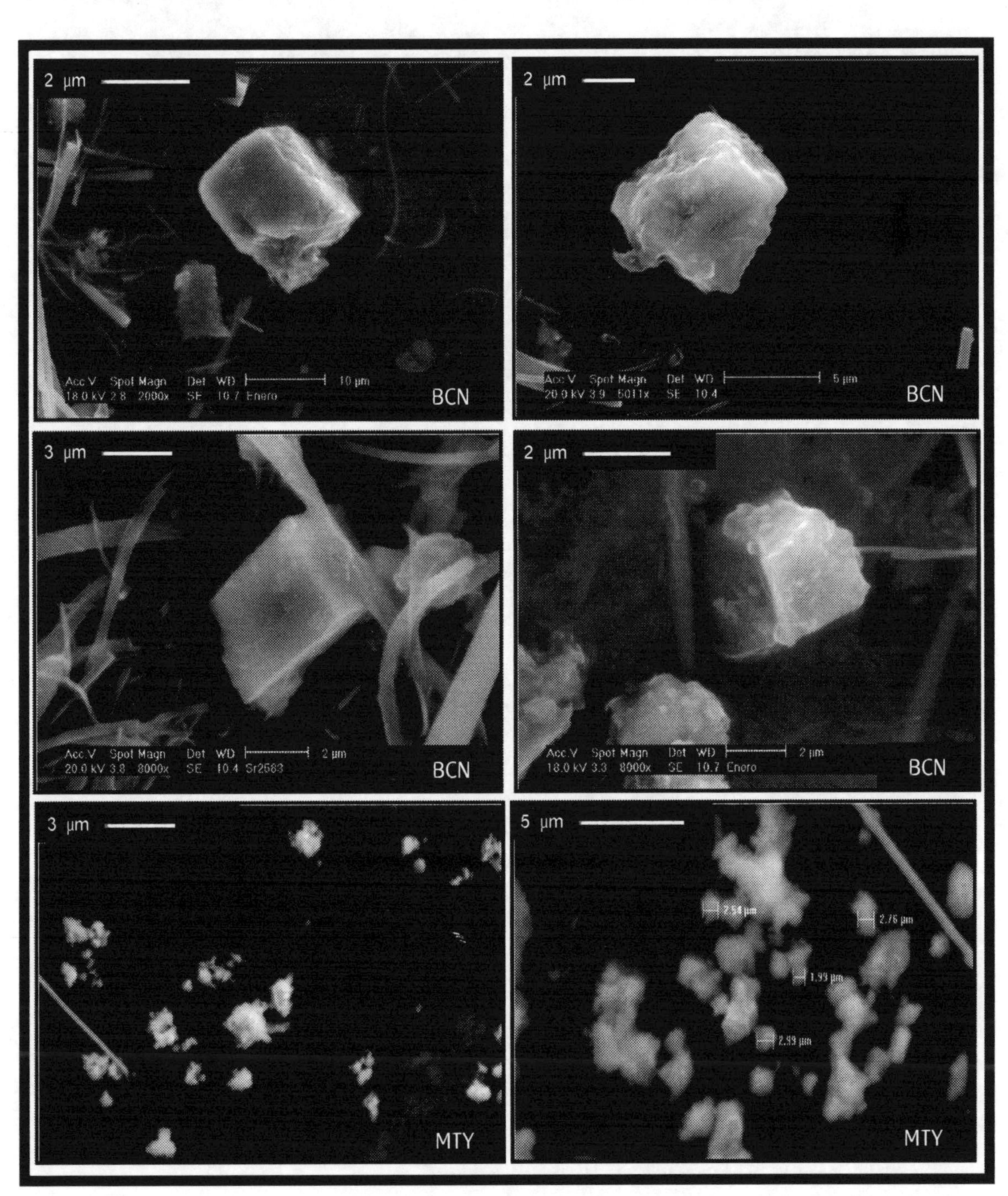

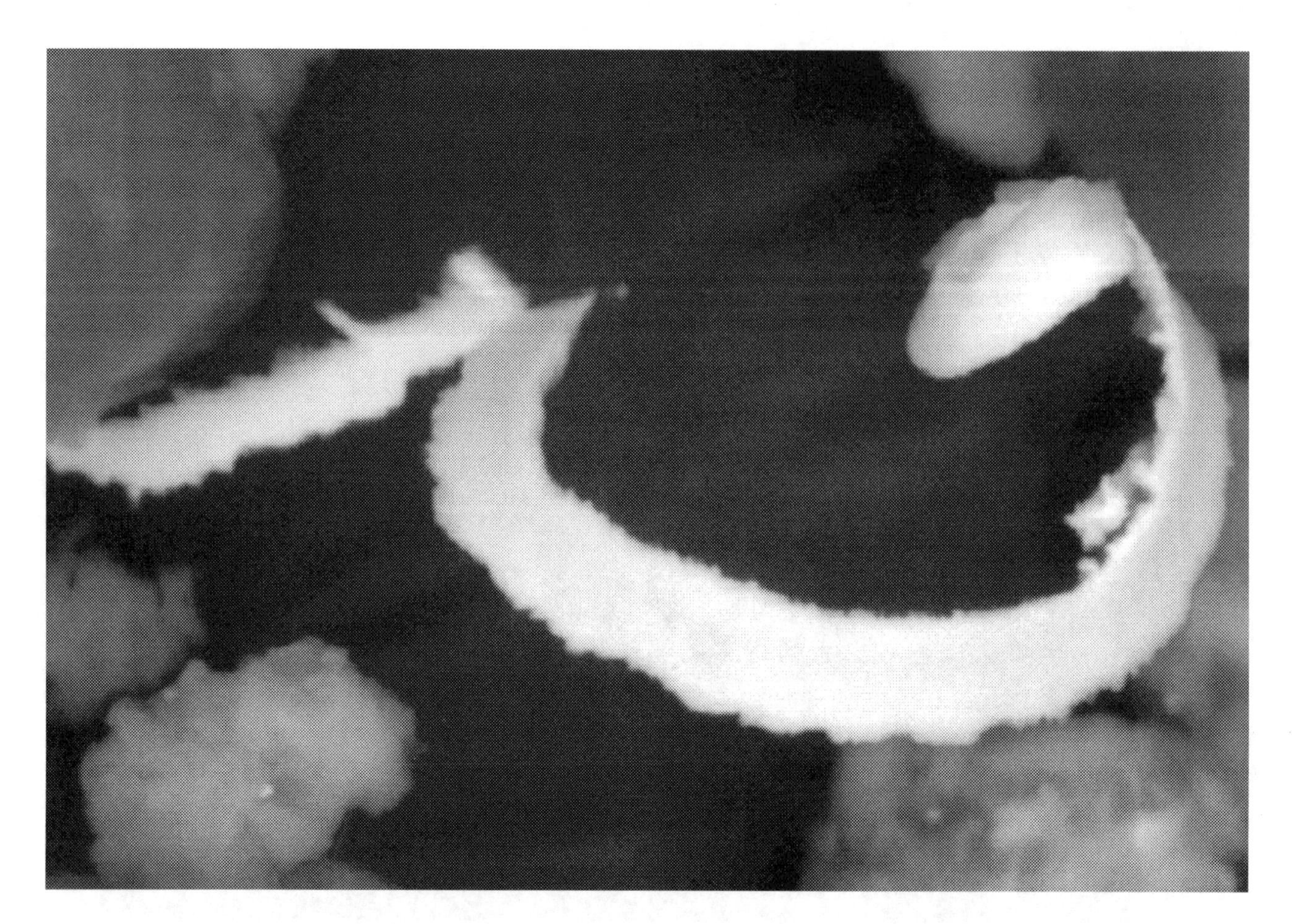

9. Partículas generadas por algunos tipos de fuentes antropogénicas específicas y su similitud con algunas partículas presentes en el aire.

Se capturaron también partículas generadas directamente en el entorno de algunos procesos antropogénicos, así como partículas emitidas por algunas chimeneas. Al realizar la comparación de las características morfológicas y de composición química de las emitidas por procesos antropogénicos, con aquellas correspondientes a partículas que están presentes en el aire, se observaron grandes similitudes, lo cual constata el tipo de origen de algunas de las partículas encontradas y que contaminan el aire.

9.1 La importancia de capturar y analizar las partículas emitidas por procesos industriales.

Definitivamente los estudios realizados por microscopía electrónica a partículas atmosféricas, revelan información muy valiosa que en numerosos casos, nos permite distinguir características de tipo natural o antropogénico, de acuerdo a los detalles morfológicos y de composición química observados a nivel microscópico. También en numerosas ocasiones, es posible clasificar las partículas atmosféricas para asociarlas a ciertos procesos antropogénicos con un alto grado de certeza hasta cierto punto; sin embargo, es imposible asociar de manera infalible, todos y cada uno de los tipos de partículas a todos los procesos antropogénicos. Es más, pudiera haber dos o más tipos de partículas atmosféricas con características idénticas o muy semejantes de tamaño, morfología y composición química, y que a pesar de esto, pudieran estar asociadas a procesos antropogénicos distintos.

De acuerdo a lo anterior, no sería suficiente el determinar por microscopía electrónica las características de las partículas atmosféricas para luego asociarlas a las posibles fuentes antropogénicas, también es necesario determinar el punto preciso en donde se originan las partículas.

Hasta este punto he mencionado mayormente tipos de procesos que generan ciertos tipos de partículas, pero también hay que establecer con toda certeza los puntos específicos en donde ocurren las emisiones más importantes. La manera de hacerlo es capturar las partículas directamente de las emisiones de procesos antropogénicos, para después analizar estas partículas por microscopía electrónica y comparar sus características contra las que presentan las partículas que están suspendidas en el aire.

Lamentablemente aun no existe el nivel de conciencia y apertura suficiente por parte del sector industrial, ni existen las normativas para el acceso al muestreo de emisiones de partículas para su análisis; de haberlo, permitiría optimizar los sistemas anticontaminantes para mitigar o eliminar las emisiones en función de los tipos de partículas, sin detrimento de la actividad productiva; y consecuentemente podríamos mejorar la calidad del aire que respiramos, mediante un control más selectivo de la contaminación, al considerar normativas que integren las características a nivel microscópico de aquellas partículas con mayor potencial toxicológico. Resulta obvio que en el caso de no ser posible mitigar las emisiones de partículas potencialmente dañinas, entonces habría que reubicar la actividad industrial que las genera.

La ardua labor pendiente es promover y realizar campañas por parte de las autoridades competentes, con el fin de concientizar y establecer la obligatoriedad de acceso a personal facultado para efectuar el muestreo directo de todas aquellas emisiones antropogénicas que pudieran afectar de manera importante la calidad del aire; y de esta manera, además de los niveles de partículas, se podría evaluar si las características específicas de las partículas emitidas representan un riesgo potencial para la salud de la población. En esta obra, se describen también las características de partículas emitidas por algunos procesos antropogénicos, en donde fue posible realizar el muestreo para su posterior análisis.

9.2 Características de partículas individuales emitidas por algunos procesos antropogénicos

Durante el trabajo de investigación que hemos realizado, afortunadamente conseguimos el apoyo de algunas empresas que nos permitieron la toma de muestras de partículas generadas en sus procesos, ya sea a través de extractores de aire, de filtros de chimeneas o directamente de emisiones de los procesos; en algunos casos, también se requirió realizar una separación de las partículas finas y a su vez separación del material ligero y pesado por diferencia de densidades. Como las partículas sólo fueron depositadas y adheridas a porta-muestras especiales para microscopía electrónica de barrido, las características de las partículas se conservaron intactas.

La contribución de estas empresas fue muy valiosa, aunque repito, aún no es suficiente el nivel de conciencia y tampoco existen normativas específicas en función de los tipos de partículas, lo cual contribuiría de manera importante a mejorar la calidad del aire.

A continuación se muestran algunas partículas que fueron tomadas directamente de emisiones antropogénicas:

PARTÍCULAS CON PLOMO

Caso 1- Escoria de refinería de cobre.

La morfología y composición química es semejante a las partículas atmosféricas mostradas en fotomicrografías I-A en Capítulo 8.

Estas partículas se encontraron presentes en una escoria de un proceso pirometalúrgico que se genera del procesamiento de concentrados sulfurosos para la recuperación de valores de cobre, plomo y metales preciosos. Esta escoria ha permanecido expuesta a las condiciones ambientales del medio, y sobre todo a las corrientes eólicas que pueden favorecer la suspensión de las partículas más finas que la constituyen. Para la obtención de las partículas más finas, se clasificó granulométricamente una muestra de escoria para obtener el polvo más fino, y posteriormente se realizó una separación de las partículas más pesadas por la diferencia de densidades.

PARTÍCULA CON PLOMO

FUENTE: Obtenida de escoria de refinería de cobre.

COMPOSICIÓN: Sulfatos de plomo, contiene también zinc, cadmio, hierro, arsénico y antimonio.

Caso 2- Proceso pirometalúrgico de refinería de cobre.

PARTÍCULA CON PLOMO

FUENTE: Obtenida de proceso pirometalúrgico de refinería de cobre (calcina de plomo).

COMPOSICIÓN: Sulfatos de plomo, contiene también zinc, cadmio, hierro, arsénico y antimonio.

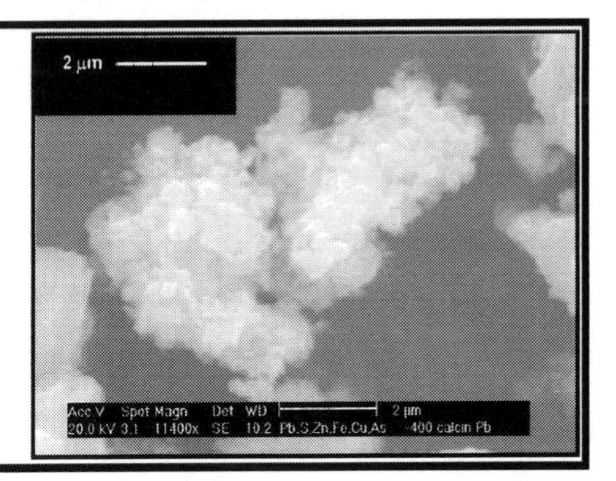

La morfología y composición química es semejante a las partículas atmosféricas mostradas en fotomicrografías I-A en Capítulo 8.

Los concentrados de minerales sulfurosos presentan cantidades valiosas de cobre, y además concentraciones económicas de plomo, oro y plata. Dentro del proceso pirometalúrgico, los valores de plomo se recuperan en un producto conocido como calcina de plomo.

A partir de una muestra de calcina de plomo se realizó una separación de las partículas más finas. Se encontraron partículas de sulfatos de plomo con una composición química compleja y una especial morfología en aglomerados de pequeñas partículas.

Caso 3- Fundición de escorias ricas en plomo.

PARTÍCULA CON PLOMO

FUENTE: Obtenida a la salida de horno rotatorio durante la fundición de escorias ricas en plomo de residuos metalúrgicos.

COMPOSICIÓN: Óxidos de plomo.

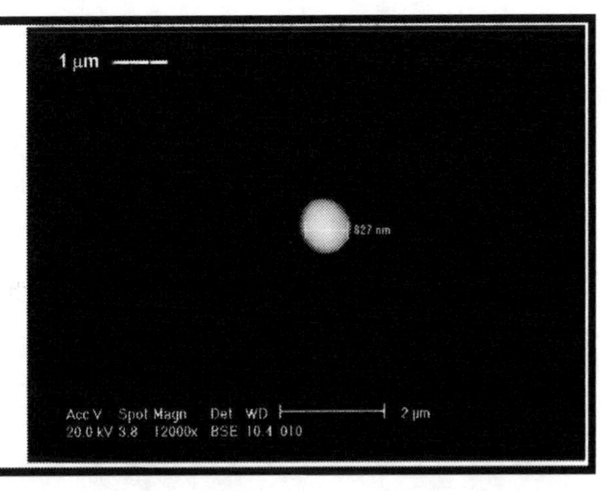

La morfología y composición química es semejante a las partículas atmosféricas mostradas en fotomicrografías I-A4 en Capítulo 8; sin embargo, la naturaleza de esta partícula es distinta a la señalada para las fotomicrografías mencionadas, cuya relación más probable tiene que ver con el desgaste de los pesos de plomo que balancean el rodamiento de las llantas de los vehículos automotrices.

Estas partículas se encontraron en una muestra correspondiente a una industria dedicada únicamente a la fundición de escorias ricas en plomo de residuos metalúrgicos. Estas partículas se colectaron a la salida del horno rotatorio de la cual se desprende un aerosol negro, en donde una parte es desprendida a la atmósfera y otra parte es dirigida por una campana nuevamente al horno.

En esta muestra se observó también una gran abundancia de varios grupos de partículas, principalmente complejos de partículas de arsénico-plomo, también asociadas a cadmio, hierro y zinc, y con tamaños menores a 1 µm.

Caso 4- Fundición de baterías automotrices usadas para el reciclado de plomo.

PARTÍCULA CON PLOMO

FUENTE: Obtenida del reciclado de plomo a partir de la fundición de baterías usadas.

COMPOSICIÓN: Plomo metálico.

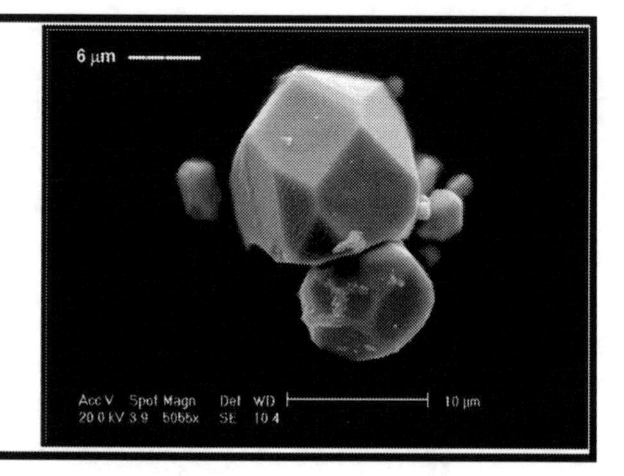

La morfología y composición química es semejante a las partículas atmosféricas mostradas en fotomicrografías I-A3 en Capítulo 8.

Las partículas se colectaron de un proceso de fundición para recuperar plomo a partir del reciclado de baterías ó acumuladores.

De este proceso se desprenden partículas de plomo, que bajo el microscopio electrónico de barrido muestran caras desarrolladas. Esta forma de cristalización probablemente se origina al momento de condensar los aerosoles que se desprenden durante el proceso de fundición.

PARTÍCULAS CON ARSÉNICO

Caso 5- Obtención de arsénico por tostación.

PARTÍCULA CON ARSÉNICO

FUENTE: Obtenida de proceso de tostación para la obtención de arsénico.

COMPOSICIÓN: Trióxido de arsénico con antimonio en su composición química.

La morfología y composición química es semejante a las partículas atmosféricas mostradas en fotomicrografías I-B en Capítulo 8.

Estas partículas se generan de un proceso de tostación para la obtención de arsénico, las cuales son colectadas en una casa de sacos de donde se tomó una muestra. Están constituidas por trióxido de arsénico de morfología octaédrica, y también contienen pequeñas cantidades de antimonio en su composición química.

Caso 6- Fundición de escorias de residuos metalúrgicos.

PARTÍCULAS CON ARSÉNICO

FUENTE: Obtenida de proceso de fundición de escorias ricas en plomo de residuos metalúrgicos.

COMPOSICIÓN: Trióxido de arsénico con antimonio en su composición química.

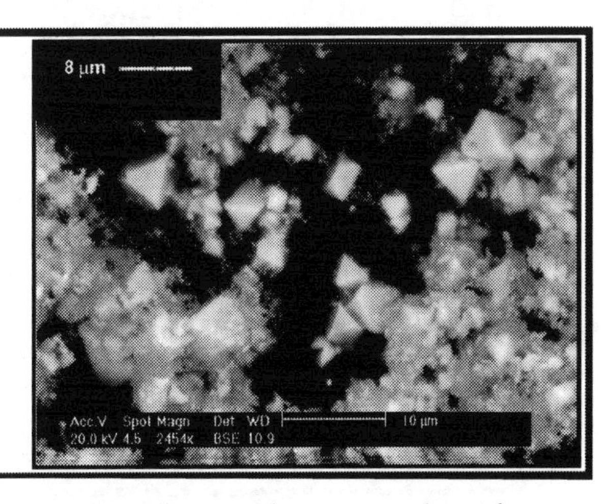

La morfología y composición química en semejante a las partículas atmosféricas mostradas en fotomicrografías I-B en Capítulo 8.

También en esta muestra se encontraron partículas de trióxido de arsénico de morfología octaédrica, pero todas con tamaños menores a 5 µm.

PARTÍCULAS CON COBRE

Caso 7- Fundición de bronce.

PARTÍCULA CON COBRE

FUENTE: Obtenida de chimenea de horno durante el proceso de fundición de bronce.

COMPOSICIÓN: Cobre metálico.

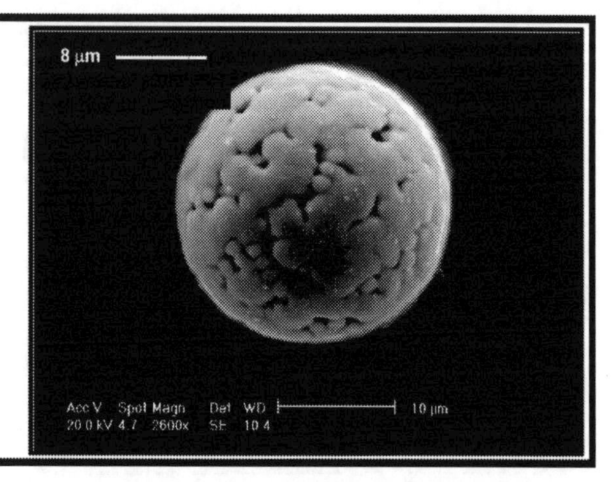

La morfología y composición química es semejante a las partículas atmosféricas mostradas en fotomicrografías I-C1 en Capítulo 8.

Las partículas corresponden a una empresa dedicada al proceso de función de bronce. La muestra de partículas fue tomada a la salida del horno en dirección contraria a los aerosoles generados en el proceso de fundición, estos aerosoles son expulsados directamente a la atmósfera por medio de una chimenea.

Aunque encontramos varios tipos de partículas, las más abundantes corresponden a formas esféricas de cobre metálico.

PARTÍCULAS CON ZINC

Caso 8- Proceso en industria automotriz.

PARTÍCULA CON ZINC

FUENTE: Obtenida de proceso en industria automotriz.

COMPOSICIÓN: Óxidos de zinc.

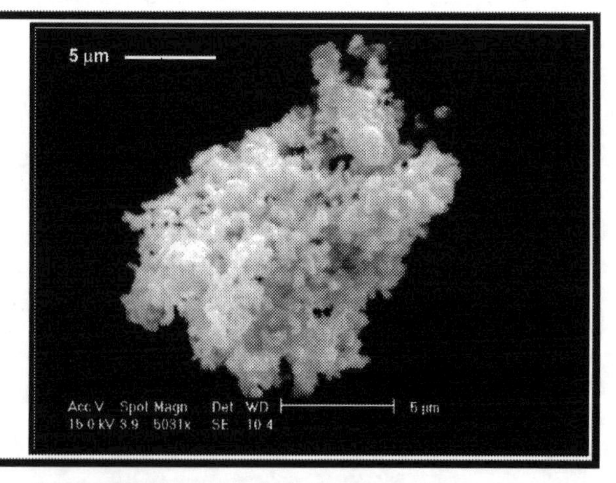

La morfología y composición química es semejante a las partículas atmosféricas mostradas en fotomicrografías I-D2c en el Capítulo 8.

Estas partículas están constituidas por óxidos de zinc, y se presentan en aglomerados; junto con estas partículas, también recolectamos otras de material rico en carbón-azufre. La muestra fue tomada en la salida de un horno después del proceso de mezclado para elaborar el material que se utiliza para las llantas; su presencia es debida a que el óxido de zinc se utiliza para acelerar el proceso de vulcanización.

PARTÍCULAS CON HIERRO

Caso 9- Proceso pirometalúrgico de refinería de cobre.

PARTÍCULA CON HIERRO

FUENTE: Obtenida de proceso de pailería y soldadura a nivel industrial.

COMPOSICIÓN: Óxidos de hierro (ferrita).

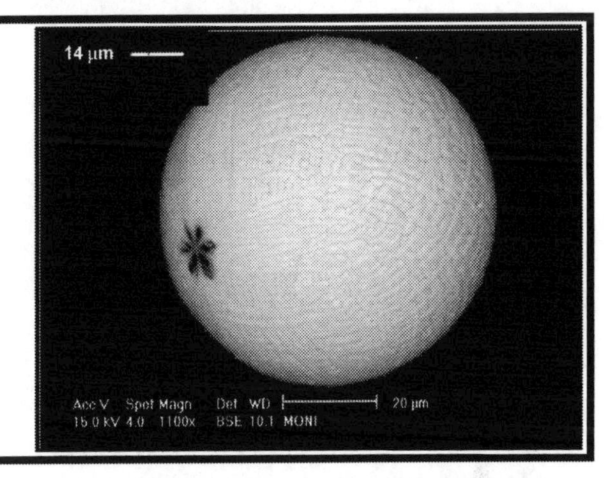

La morfología y composición química es semejante a las partículas atmosféricas mostradas en fotomicrografías I-E1 en Capítulo 8.

Otro tipo de partículas obtenidas de un proceso pirometalúrgico de refinería de cobre fueron óxidos de hierro (ferritas) de morfología esférica y tamaños de partícula inferiores de 15 µm. La industria minero-metalúrgica genera también estas partículas, además de las industrias del ramo siderúrgico. Al parecer, el tamaño de las partículas de ferritas de origen minero-metalúrgico es mayor que las que genera el ramo acerero.

Caso 10- Proceso de pailería y soldadura a nivel industrial.

PARTÍCULA CON HIERRO

FUENTE: Obtenida de proceso pirometalúrgico de refinería de cobre (calcina de plomo).

COMPOSICIÓN: Óxidos de hierro (ferrita).

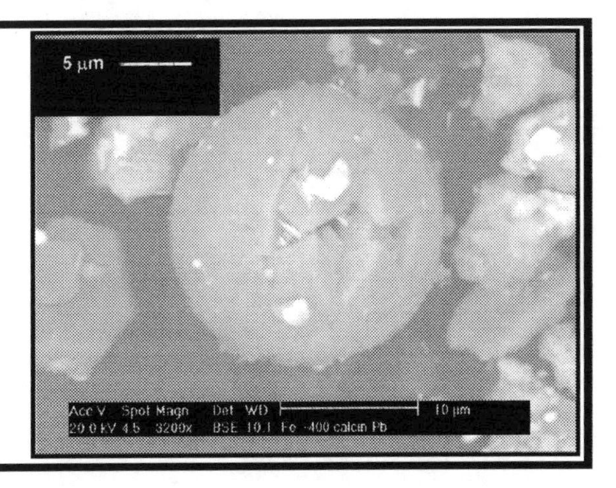

La morfología y composición química es semejante a las partículas atmosféricas mostradas en fotomicrografías I-E1 en Capítulo 8.

Las partículas son generadas de un proceso de pailera y soldadura de estructuras metálicas a nivel industrial. La muestra fue tomada directamente en el aerosol que se desprende al momento de soldar las piezas metálicas. Las partículas corresponden a ferritas de morfología esférica y presentan tamaños inferiores a 20 µm.

Caso 11- Proceso de pailería

PARTÍCULA CON HIERRO

FUENTE: Obtenida de proceso de pailería.

COMPOSICIÓN: Óxidos de hierro.

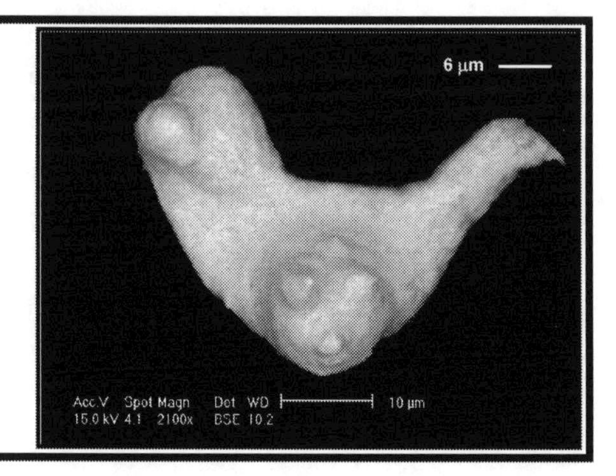

La morfología y composición química es semejante a las partículas atmosféricas mostradas en fotomicrografías I-E en Capítulo 8.

Las características morfológicas y de composición química presentan similitudes con las partículas atmosféricas mostradas en las fotomicrografías I-E1 en Capítulo 8.

Caso 12- Proceso de fundición de industria del acero

PARTÍCULA CON HIERRO

FUENTE: Obtenida de horno de fundición de industria acerera.

COMPOSICIÓN: Óxidos de hierro (ferrita).

La morfología y composición química es semejante a las partículas atmosféricas mostradas en fotomicrografías I-E1 en Capítulo 8.

Esta muestra se tomó del colector de polvos de una importante planta de acería. Los polvos son producidos en el entorno de un arco eléctrico de un horno de fundición, como una nube de polvos. El polvo producido se succiona y es recogido por un colector que lo conduce a un sistema de sacos, de donde fue recuperada la muestra.

El polvo se encuentra constituido mayormente por partículas esféricas de hierro-óxido de hierro. Estas partículas poseen tamaños inferiores de 3 µm.

Caso 13- Industria de fundición y laminado de hierro

PARTÍCULA CON HIERRO-ZINC

FUENTE: Obtenida de industria de fundición y laminado de hierro.

COMPOSICIÓN: Óxidos de hierro- zinc.

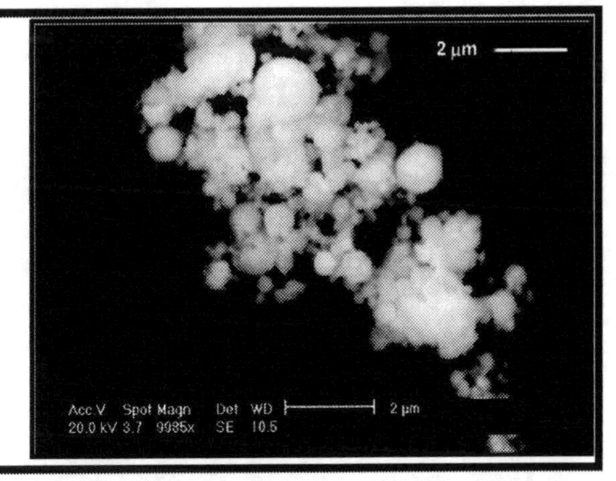

La morfología y composición química es semejante a las partículas atmosféricas mostradas en fotomicrografías I-E1 en Capítulo 8.

La muestra corresponde a una empresa de fundición y laminado de hierro en la cual se observa la abundancia de partículas de óxido de hierro (ferritas). También se presentan de manera abundante aglomerados de partículas de óxidos de hierro-zinc, en donde el tamaño individual de las partículas en inferior a 1 μm con una morfología esferoidal.

PARTÍCULAS CON BARIO -ESTRONCIO

Caso 14- Proceso de recubrimiento de embobinado de alternadores

PARTÍCULA CON ESTRONCIO-BARIO

FUENTE: Obtenida de proceso para recubrir el cableado del embobinado de alternadores automotrices.

COMPOSICIÓN: Sulfato de estroncio-bario.

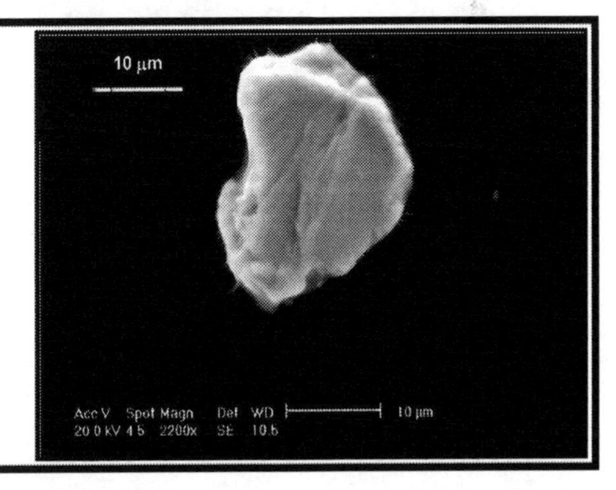

La morfología y composición química es semejante a las partículas atmosféricas mostradas en fotomicrografías I-F1 en Capítulo 8, sin embargo éstas poseen estroncio en su composición química, lo cual es posible en el mineral de barita.

Las partículas se colectaron de un proceso de pintura aplicada sobre los alternadores para automóviles, para recubrir el cableado del embobinado como material de relleno. La composición de las partículas corresponde al mineral conocido como celestita ($SrSO_4$) que contiene también pequeñas cantidades de bario en su composición ($(Sr,Ba)SO_4$).

PARTÍCULAS CON CARBÓN

Caso 15- Emisiones en chimenea por uso de combustóleo

PARTÍCULA CON CARBÓN Y AZUFRE

FUENTE: Obtenida de chimenea de caldera que usa combustóleo para generar vapor.

COMPOSICIÓN: Carbón y azufre con trazas de vanadio y níquel.

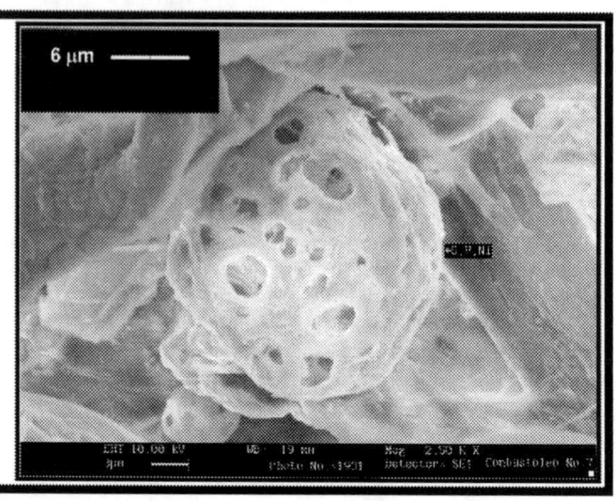

La morfología y composición química es semejante a las partículas atmosféricas mostradas en fotomicrografías II-A en Capítulo 8.

La muestra se tomó de una chimenea en donde se emiten gases y polvo como resultado del empleo de combustóleo para producir vapor de calderas. La muestra fue recolectada por filtros. Las partículas de la muestra se analizaron directamente sobre el papel filtro en donde quedaron retenidas las partículas.
Las partículas presentan gran porosidad, y son ricas en carbón y azufre, con contenidos variables de níquel y vanadio. El tamaño de estas partículas es inferior a 20 µm.

También se encontraron estas partículas en las emisiones de otros procesos en donde utilizan combustóleo.

Caso 16- Emisiones de escape de automóvil

PARTÍCULAS CON CARBÓN

FUENTE: Obtenida de escape de automóvil.

COMPOSICIÓN: Carbón.

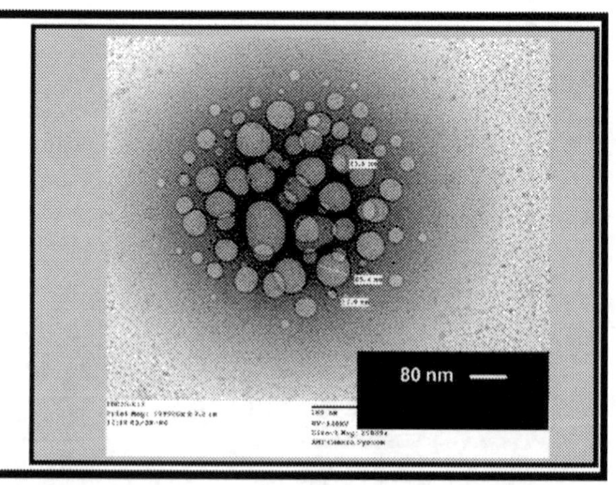

La morfología y composición química es semejante a las partículas atmosféricas mostradas en fotomicrografías II-B en Capítulo 8.

Las partículas fueron colectadas directamente de las emisiones de un escape de automóvil que arrojaba de manera visible contaminación al aire.

En este único caso, la imagen de las partículas se obtuvo en un microscopio electrónico de transmisión por su mayor poder de resolución, el cual reveló que el tamaño de las partículas es del orden nanométrico *(nn)*, y sin superar los 100 nn.

PARTÍCULAS CON FOSFATO DE CALCIO

Caso 17- Quema de aceite automotriz usado

PARTÍCULA DE FOSFATOS DE CALCIO

FUENTE: Obtenida de la quema de aceite usado automotriz, el cual es reutilizado como combustible para uso industrial.

COMPOSICIÓN: Fosfatos de calcio.

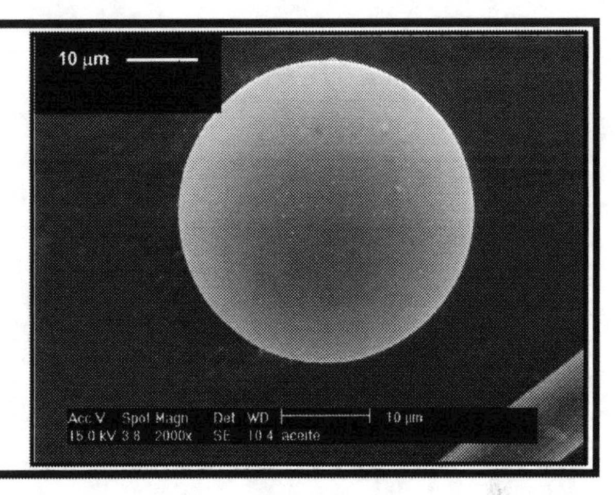

La morfología y composición química es semejante a las partículas atmosféricas mostradas en fotomicrografías III-A en Capítulo 8.

Las partículas fueron generadas de la quema de aceite de automóvil ya usado, el cual lo utilizan algunas empresas como combustible principalmente por su bajo costo en el mercado. Esta muestra proviene de un horno industrial en donde se eliminan algunas impurezas. La muestra se tomó a la salida del horno a una distancia prudente. Las partículas de mayor abundancia corresponden a fosfatos de calcio de morfología esferoidal, las cuales presentan un tamaño generalmente menor de 20 µm de diámetro.

PARTÍCULAS DE SULFATOS DE CALCIO

Caso 18- Proceso de elaboración de caucho

PARTÍCULA DE SULFATO DE CALCIO

FUENTE: Obtenida de un extractor de aire en proceso de elaboración de caucho.

COMPOSICIÓN: Sulfato de calcio hidratado.

La morfología y composición es semejante a las partículas atmosféricas con la composición del yeso mineral mostrada en fotomicrografía III-B1 en Capítulo 8.

Las partículas fueron colectadas a la salida de un extractor de aire colocado en un área de elaboración del caucho utilizado para la elaboración de los neumáticos.

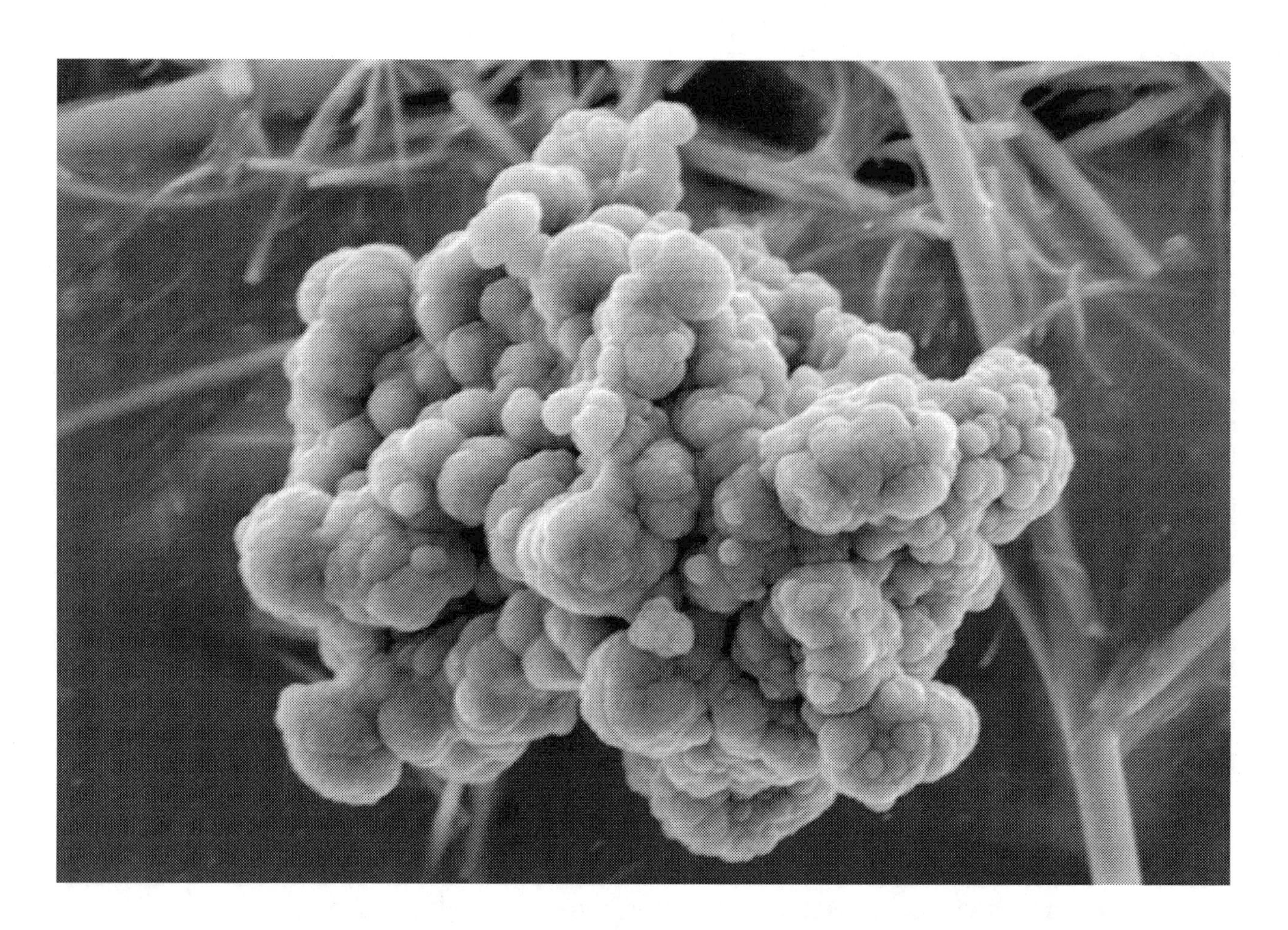

10. Recapitulación y comentarios finales.

El nuevo conocimiento que se genera al explorar y desentrañar los secretos que encierran las características microscópicas de las partículas atmosféricas, definitivamente debe ser aprovechado; de esta manera, se podrían fundamentar las bases a corto plazo, para establecer normativas más específicas encaminadas a lograr un control más selectivo de aquellas emisiones de partículas antropogénicas que más perjudican la calidad del aire que respiramos.

10.1 La necesidad de incorporar las características específicas de los diversos tipos de partículas atmosféricas.

De acuerdo a lo mencionado en capítulos anteriores, hasta ahora sólo se han establecido las normativas que establecen los niveles máximos permisibles de contaminación del aire por partículas suspendidas totales, y en las últimas décadas, los niveles permisibles de PM10, PM2.5; y la tendencia es hacia las partículas ultrafinas PM1 y PM0.1. Para el caso de la República Mexicana, el único elemento normado es el nivel de plomo.

Sin embargo, sería sumamente valioso si pudiéramos incorporar a muy corto plazo a las normativas actuales, lo que son exactamente todas esas partículas que contaminan el aire y que afectan nuestra salud y el balance radiativo, pues se lograría un control más selectivo de la contaminación. En el caso del plomo existe toda una variedad de tipos de partículas con distinta composición química, la cual dependerá del tipo de proceso que las generó; además, cada una de estas fases de plomo tendrá distinta reactividad en función de su composición, forma y tamaño de partícula, lo cual en conjunto, afectará en diferente grado la salud humana. La misma situación sería para todos aquellos elementos que pudieran ser muy dañinos como es el caso del arsénico, cadmio o mercurio; pues el daño causado está en función de la especie química en cómo se presenten, además de las características morfológicas y de tamaño de partícula; dicho de otra manera, una vez que las partículas son inhaladas, el potencial toxicológico dependerá de la capacidad de ingreso, la solubilidad y reactividad de las partículas dentro del organismo.

Actualmente es bien conocido el impacto en la salud de los elementos potencialmente dañinos como el arsénico, plomo, cadmio y mercurio; y que las normas internacionales más estrictas establecen los niveles permisibles, pero sin hacer la distinción de los compuestos que pueden conformar estos elementos. Un ejemplo son los compuestos de arsénico, en donde una especie muy tóxica es el trióxido de arsénico (As_2O_3), y que está presente en el aire de los sitios en donde existen refinerías de cobre y plomo; en otros sitios con actividad minera, el arsénico puede estar presente como arsenopirita ($FeAsS$), la cual resulta mucho menos dañina que el trióxido de arsénico. En este caso es claro que no es suficiente el determinar los niveles de arsénico como elemento, sino que es necesario especificar bajo qué especie química se encuentra el arsénico. Lo mismo se podría decir para el caso de compuestos de plomo, cadmio, mercurio o de cualquier otro elemento; es decir, necesitamos conocer los compuestos químicos que constituyen a las partículas atmosféricas y de esta manera establecer su verdadero daño potencial, esto sin olvidar la importancia del tamaño y la morfología de las partículas.

10.2 ¿Qué tipos de partículas atmosféricas antropogénicas requieren mayor atención?

En el Capítulo 8, se establecieron cinco grupos de partículas atmosféricas antropogénicas, al considerar globalmente los distintos ambientes estudiados en donde se desarrollan diversas actividades humanas, estos grupos descritos fueron:

GRUPO I. Con metales y/o elementos pesados más recurrentes.

GRUPO II. Con carbón elemental.

GRUPO III. Con elementos ligeros pero que indican actividad antropogénica.

GRUPO IV. Con otros elementos metálicos de escasa recurrencia en el aire.

GRUPO V. De compuestos precursores de partículas secundarias.

Si bien es cierto que no existen partículas atmosféricas que sean completamente inocuas al organismo humano al ser inhaladas, sí hay que enfocar nuestra atención a aquellas partículas que por su tamaño, composición química y abundancia relativa puedan representar un riesgo potencial a la salud de una población; es claro también que dentro de un determinado ambiente de trabajo, el personal puede estar expuesto a cierto tipo de partículas, lo cual serían casos muy específicos y relativamente fáciles de resolver una vez que son detectados.

Ahora, si recapitulamos los resultados más importantes de las investigaciones sobre los tipos de partículas antropogénicas que se encontraron en los sitios estudiados; de manera global observamos que hay partículas que son muy recurrentes, y que éstas encajan mayormente dentro de los Grupos I y II, en donde se describieron los tipos de partículas respectivos, así como para todos los grupos; y en muchos casos, fue posible determinar la composición química específica de cada uno de los tipos de partículas mostradas en las fotomicrografías correspondientes.

Por otro lado, se explicó que en función del tamaño de partícula, la capacidad de ingreso al organismo humano a través de la vía respiratoria, se incrementa en la medida que el tamaño de partícula disminuye, y que el riesgo está latente a partir de 10 μm hacia abajo.

Entonces, por su importancia desde el punto de vista de su abundancia y recurrencia en los sitios estudiados y del posible impacto toxicológico; se consideraron como fuertes indicadores de la actividad antropogénica aquellos tipos de partículas que se presentan en mayores concentraciones en el aire, y por tanto, es prioritaria la mitigación o erradicación de estas partículas tan recurrentes en sitios con intensa actividad antropogénica (Zona Metropolitana del Valle de México y ciudades como Barcelona, Querétaro y San Luis Potosí). Además, el tamaño dominante de todas estas partículas es inferior a 10 micrómetros. Estas partículas corresponden a óxidos de plomo, sulfatos de plomo, sulfatos de bario, trióxido de arsénico, cobre metálico, sulfuro de cobre, óxido de zinc, óxidos de hierro y hierro metálico y en aleaciones, y carbón.

Aunque mucho se ha hablado de los efectos toxicológicos, a continuación se describe brevemente los efectos nocivos que por inhalación producen aquellas partículas antropogénicas que encontramos como más recurrentes y abundantes.

Partículas con plomo

-Sulfatos de plomo (0.1 a 0.3 µm constituyendo aglomerados menores a 10 µm)

-Óxidos de plomo (0.5 a 1 µm)

-Plomo metálico (1 µm a 2 µm y hasta 8 µm)

Las mayores concentraciones de sulfatos de plomo en el aire están presentes en sitios en donde se desarrolla una intensa actividad minero-metalúrgica (ciudad de San Luis Potosí); y los óxidos de plomo se presentan de manera importante en sitios que presentan un intenso tránsito vehicular (Zona Metropolitana del Valle de México y ciudad de Querétaro).
Industrialmente los compuestos más importantes son los óxidos de plomo. El reciclado del plomo metálico también origina emisiones de vapores que condensan en partículas de plomo metálico que luego se revisten de oxidación superficial.

Los compuestos del plomo son tóxicos y pueden causar varios efectos nocivos, como son: perturbación de la biosíntesis de hemoglobina y anemia, incremento de la presión sanguínea, daño a los riñones, perturbación del sistema nervioso, daño al cerebro, disminución de la fertilidad del hombre a través del daño en el esperma, disminución de las habilidades de aprendizaje de los niños, perturbación en el comportamiento de los niños, como es agresión, impulsividad e hipersensibilidad.

En adultos que trabajan en ambientes expuestos a este tipo de contaminación, el plomo puede acumularse en los huesos, donde su vida media es superior a los 20 años. La osteoporosis, embarazo, o enfermedades crónicas pueden hacer que este plomo se incorpore más rápidamente a la sangre.

El envenenamiento de trabajadores por el manejo inadecuado y exposición excesiva a los compuestos de plomo, el mayor peligro proviene de la inhalación de vapor o de polvo. Algunos de los síntomas de envenenamiento por plomo son dolores de cabeza, vértigo e insomnio. En los casos agudos, por lo común se presenta estupor, el cual progresa hasta el coma y termina en la muerte. El control médico de los empleados es fundamental y comprende pruebas clínicas de los niveles de este elemento en la sangre y en la orina.

Los sulfatos de plomo de origen minero metalúrgico frecuentemente contienen otros elemento como el cadmio, el cual también es tóxico.

Partículas con arsénico

-Trióxido de arsénico (1 a 2 µm y hasta 10 µm)

Es característico de sitios en donde se desarrolla una intensa actividad minero-metalúrgica (refinerías de cobre-plomo-zinc), que es en donde las concentraciones más elevadas de trióxido de arsénico están presentes (ciudad de San Luis Potosí). El arsénico natural no suele movilizarse fácilmente por su estabilidad, pero debido a las actividades minero-metalúrgicas y fundiciones, el arsénico es movilizado y puede encontrarse en muchos lugares donde no existía de forma natural.

El arsénico es uno de los elementos más tóxicos y los compuestos inorgánicos son más tóxicos que los orgánicos. La exposición al arsénico inorgánico (trióxido de arsénico) puede causar varios efectos sobre la salud, como es la disminución en la producción de glóbulos rojos y blancos, cambios en la piel, e irritación de los pulmones. También pueden aparecer alteraciones del sistema nervioso central.

Una exposición directa a trióxido de arsénico es muy irritante para las vías respiratorias altas y puede ocasionar perforación del tabique nasal. La toma de significativas cantidades de arsénico inorgánico puede intensificar las posibilidades de desarrollar cáncer, especialmente de piel, pulmón, hígado y linfa. A exposiciones muy altas de arsénico inorgánico puede causar infertilidad y abortos, puede causar perturbación de la piel, pérdida de la resistencia a infecciones, perturbación en el corazón y daño del cerebro; también puede dañar el ADN.

Partículas con cobre

-Cobre metálico (1 a 5 μm y hasta 10 μm)

-Sulfuros de cobre: 5 a 10 μm

Aunque las concentraciones de cobre en el aire son usualmente bastante bajas, en sitios en donde existen actividades minero-metalúrgicas que procesan mineral cobre, así como en fundidoras; la población puede estar expuesta a niveles elevados de cobre, tanto en su forma metálica como en sulfuros (ciudades de San Luis Potosí y de Querétaro).

El cobre también es liberado durante el tratamiento de madera y la producción de fertilizantes fosfatados, a menudo se encuentra cerca de asentamientos industriales, vertederos y lugares de residuos. La producción de cobre se ha incrementado en las últimas décadas y debido a esto su concentración en el ambiente se ha expandido.

El cobre en el aire puede permanecer por un periodo de tiempo eminente, antes de depositarse cuando empieza a llover. Este terminará mayormente en los suelos, llegando a contener importantes cantidades de cobre.

Exposiciones de largo periodo al cobre (metálico y como sales) pueden irritar la nariz, mucosas, la boca y los ojos y causar dolor de cabeza, nauseas, mareos, vómitos y diarreas.

Partículas con zinc

-Óxidos de zinc (partículas de 0.5 a 2 μm en aglomerados menores de 10 μm)

El zinc ocurre de forma natural en el aire, agua y suelo, pero las concentraciones están aumentando por causas no naturales. El incremento de zinc principalmente se debe a actividades como la industria del acero, el galvanizado y la minera-metalúrgica (ciudades de Querétaro, San Luis Potosí y Zona Metropolitana del Valle de México).

El óxido de zinc en el ambiente de trabajo puede causar irritación en el tracto respiratorio. Los síntomas pueden incluir respiración dificultosa. La inhalación puede producir síntomas de gripe que es un cuadro clínico conocido como fiebre del fundidor, ésta pasará después de dos días y es causada por una hipersensibilidad.

Una exposición a altos niveles de polvo puede dar lugar a fiebre, dolor muscular, dolor de cabeza y sequedad en garganta y boca. Una sobre exposición severa puede producir bronquitis o neumonía con una coloración azulada de la piel (Adamson y col., 2000).

Exposiciones a concentraciones elevadas de clorato de zinc pueden causar desórdenes respiratorios.

Partículas con hierro

-Óxidos de hierro (0.5 a 5 μm y hasta 10 μm)

-Hierro metálico y en aleaciones (1 a 5 y hasta 10 μm)

El uso más extenso del hierro es para la obtención de aceros estructurales; también se producen grandes cantidades de hierro fundido y de hierro forjado. Entre otros usos del hierro y de sus compuestos se tienen la fabricación de imanes, tintes (tintas, papel para heliográficas, pigmentos pulidores) y abrasivos.

Estas partículas están presentes de manera importante en la Zona Metropolitana del Valle de México y en las ciudades de Querétaro, San Luis Potosí y Barcelona.

Los óxidos de hierro pueden provocar conjuntivitis, coriorretinitis, y retinitis si contacta con los tejidos y permanece en ellos. La inhalación crónica de concentraciones excesivas de vapores o polvos de óxido de hierro puede resultar en el desarrollo de una neumoconiosis benigna, llamada siderosis, que es observable ante los rayos X en una placa del tórax. La inhalación de concentraciones excesivas de óxido de hierro puede incrementar el riesgo de desarrollar cáncer de pulmón en trabajadores expuestos a carcinógenos pulmonares.

Partículas con bario

-Sulfato de bario (2 a 5 μm y hasta 15 μm)

-Óxidos y carbonatos de bario (1 a 2 μm)

Debido al amplio y diverso empleo del sulfato de bario por muchas industrias, los compuestos de bario han sido liberados al ambiente en grandes cantidades. Las actividades industriales más importantes corresponden a actividades mineras, proceso de refinado, durante la producción de compuestos de bario, y está presente en balatas automotrices que por desgaste liberan sulfato de bario a la atmósfera. Los compuestos de bario son usados por las industrias del aceite y gas, para hacer lubricantes para taladros, así como en pinturas, blocks, azulejos, y vidrio. También los compuestos de bario pueden entrar al aire durante la combustión del carbón y aceites.

Las partículas de sulfato de bario están presentes de manera abundante el aire de la Zona Metropolitana del Valle de México, y en las ciudades de Querétaro y San Luis Potosí, y en menor grado en Barcelona. Los óxidos y carbonatos de bario se encontraron únicamente en la ZMVM.

Los mayores riesgos para la salud son causados por respirar aire que contiene compuestos de bario en ambientes laborales que trabajan con estos compuestos, pues los trabajadores expuestos podrían manifestar efectos nocivos en la salud, lo cual dependerá de la solubilidad de los compuestos. En el caso del sulfato de bario que es el compuesto de bario más abundante en la atmósfera, como es insoluble, su toxicidad puede ser muy baja; sin embargo, otros compuestos como el carbonato de bario, pueden ser sumamente tóxicos.

Partículas con carbón

-Carbón resultante del uso de combustibles (0.1 a 5 μm)

-Carbón resultante de la quema de biomasa (0.3 a 10 μm)

Las partículas más importantes son las que se generan del uso de combustibles como el diesel y la gasolina, y los incendios forestales y agrícolas provocados o naturales. A estas partículas de carbón se les conoce como "black carbon" (carbón negro o partículas carbonosas), y en gran medida su importancia radica en que ocupan el segundo lugar en contribuir a incrementar el calentamiento global del planeta (después del dióxido de carbono), ya que estas partículas absorben parte de la radiación solar y terrestre calentando la atmósfera, reduciendo la capacidad de reflejar la energía y luz del Sol desde la superficie terrestre (efecto conocido como "albedo"), provocando un aumento en la temperatura del ambiente (Seoánez, 2002; Tardif, 2001).

El carbón proveniente de los combustibles fósiles, tiende a permanecer en la atmósfera durante pocas semanas, mientras que el dióxido de carbono tiene una vida en la atmósfera de más de 100 años. La reducción de estas emisiones de partículas carbonosas podría ser la estrategia más rápida para frenar el acelerado cambio climático que estamos observando, y he aquí la importancia del empuje y transición hacia la aplicación de las nuevas tecnologías ya existentes y el desarrollo de otras.

Las partículas carbonosas se encuentran en todo el mundo, pero su presencia e impacto es particularmente fuerte en Asia, pues las emisiones más importantes corresponden a países en desarrollo, tan sólo China y la India representan alrededor del 30% de la emisiones a nivel mundial; y entre otros países en desarrollo, México es un punto importante de estas emisiones.

A nivel global las emisiones de estas partículas corresponden aproximadamente al 40% por el uso de combustibles fósiles, el 40% por la quema de biomasa, y el 20% son emitidas por la quema de biocombustibles.

En estas investigaciones encontramos que las partículas provenientes de la quema de combustibles se presentan de manera abundante en la Zona Metropolitana del Valle de México y en la ciudad de Barcelona; y en menor grado, también están presentes en la ciudad de Querétaro.

La ciudad de Colima presenta una notable contaminación por partículas carbonosas provenientes de la quema de biomasa (quema de la caña), así como también por emisiones volcánicas.

Aunque los peligros para la salud se han descrito ampliamente para varias formas de carbón natural y antropogénico, como es la exposición al negro de humo que ocasiona daños temporales o permanentes a los pulmones y el corazón; aquí la situación resulta mucho más compleja porque las partículas atmosféricas con carbón observadas en esta investigación, pueden transportar compuestos orgánicos que están adsorbidos en la superficie de estas partículas, y estos podrían ser sumamente tóxicos además de carcinógenos. Acerca de estos compuestos adsorbidos existe un gran desconocimiento en lo que respecta a su composición química específica, y poco se sabe del daño toxicológico por la gran cantidad de compuestos que pueden formarse, muchos de ellos aún no determinados.

Otras partículas recurrentes y abundantes

-Partículas inorgánicas secundarias de sulfatos de calcio (0.2 a 3 μm)

En sitios bajo la influencia del aerosol marino y por tanto, alta humedad relativa, y en donde además existen importantes emisiones de dióxido de azufre por una intensa actividad antropogénica (uso de combustibles e industria) o naturales (emisiones volcánicas); en estos sitios ocurren reacciones químicas con carbonatos de calcio que están presentes en la atmósfera por re-suspensión. Como producto de estas reacciones se forman conglomerados de partículas secundarias cuyo tamaño es inferior a 3 μm y el tamaño individual de la partículas es del orden de tan sólo 0.2 μm. Su composición es similar al del yeso mineral, es decir, sulfato de calcio di-hidratado.

Estas partículas secundarias se encontraron presentes de manera muy abundante en la ciudad de Barcelona, y en menor grado en la ciudad de Colima; ambas ciudades costeras.
Aunque este compuesto presenta baja toxicidad; debido al fino tamaño de partícula y la morfología laminar o acicular, deben considerarse los posibles efectos en la salud que pueden ser incrementados a causa de estos factores.

La exposición por inhalación causa irritación de nariz y garganta, e irritación de los ojos por contacto y frotamiento. La exposición repetida o prolongada puede causar dolor de garganta, sangrado de nariz y bronquitis crónica.

Partículas de menor recurrencia

Aunque se determinaron también otras partículas cuyo tamaño es inferior a 10 μm, su abundancia y recurrencia es muy inferior a las partículas señaladas líneas arriba. Estas partículas también son derivadas de la actividad antropogénica. Algunas partículas pueden ser muy tóxicas como es el caso de las fases de mercurio y el cromato de plomo si son inhaladas.

Sin embargo, a pesar de su menor abundancia en los sitios estudiados; la presencia de todas estas partículas incrementa los niveles de contaminación y sus efectos sinérgicos pueden hacerse notar tanto en la salud, así como en efectos ambientales. Lo más importante es que son indicadores de la actividad antropogénica y que su atención debe enfocarse primordialmente observar y remediar las posibles concentraciones elevadas dentro de los ambientes laborales y zonas cercanas a estos; lo anterior obviamente contribuiría a disminuir la concentración de estas partículas a nivel global.

Las partículas que fueron determinadas en las investigaciones ya descritas corresponden a los siguientes compuestos:

- Níquel y vanadio metálicos, óxido de titanio, cromato de plomo, tungsteno metálico, sulfuro de molibdeno, cromo metálico, óxido de estaño, trióxido de antimonio, plata metálica, bismuto metálico, silicato de zirconio, óxidos de tierras raras, mercurio como amalgama y sulfuro, y calcio como fosfato y carbonato.

Obviamente todas estas partículas se encontraron con mayor presencia en la medida como se incrementa el nivel de industrialización.

10.3 La importancia de difundir de manera compilada, el cómo son y de que están constituidas las partículas atmosféricas antropogénicas.

Los científicos han establecido las causas del calentamiento global, que son atribuidas mayormente a las emisiones de gases a consecuencia de las actividades antropogénicas; sin embargo, las partículas atmosféricas antropogénicas juegan un papel importante en las posibles estrategias para mitigar el calentamiento global y mejorar la calidad del aire que respiramos. Aunque mucho se ha hablado del tema en convenciones dentro del ámbito científico, qué mejor que transmitir al ciudadano común y a las futuras generaciones este conocimiento que apenas comienza; y más, si es en términos comprensibles y enfocados a crear conciencia de la gravedad que implica la contaminación atmosférica, y a entender que la solución está en nuestras manos. Las nuevas generaciones apenas comienzan a enterarse de las consecuencias del cambio climático que ya se está dando de manera acelerada. Es seguro que si todos tenemos una idea más clara de cómo son y cuál es el origen de las partículas contaminantes, nos preocuparemos más por mantener el aire limpio; de esta manera, el ciudadano común comprenderá que el simple hecho de quemar la basura crea un gran problema, y si todos lo evitamos sería una importante contribución; cualquier contribución individual si se multiplica, indudablemente traerá beneficios observables. Obviamente todo esto repercutiría en crear una mayor conciencia hacia la importancia de disminuir o erradicar las emisiones industriales y vehiculares.

Un buen amigo y ávido lector, pero ajeno a este campo de estudio, al revisar esta obra previamente a su edición, resultó sorprendido e impactado de todo el material que podemos estar respirando bajo la forma de partículas y de todo lo que queda por conocer al respecto, para que podamos enfrentar de una manera más dirigida la enorme problemática para disminuir los niveles de contaminación atmosférica.

10.4 La punta del iceberg, las limitaciones actuales y lo que viene.

Existe escasa información sobre lo que son específicamente las partículas atmosféricas antropogénicas; y además, esta información está muy dispersa. Considero que la presente compilación, es una contribución importante; sin embargo, esto es sólo la punta del iceberg.

Por citar algunas de las dificultades actuales a resolver; está el estudio de aquellas partículas que son ultrafinas (PM1 y PM0.1), pues aún resulta muy complicado el determinar su composición específica, especialmente las que contienen compuestos orgánicos adsorbidos, que pueden ser muy peligrosos; por otra parte, existe un gran desconocimiento del mecanismo de formación de la mayoría de las partículas de origen secundario, y por tanto, desconocemos los modos específicos de cómo evitar su formación. Todo este nuevo conocimiento deberá aumentar en la medida que se incorporen las generaciones venideras para realizar nuevas investigaciones con técnicas más evolucionadas, y a la vez, el ir fundamentando las bases para que estos nuevos conocimientos se incorporen a las normativas actuales y que conlleven a establecer controles más selectivos, estrictos y eficientes de las emisiones de partículas que estamos respirando y que afectan el ambiente; de esta manera, las acciones que asumamos contribuirían significativamente a mejorar la calidad del aire y frenar en medida observable el calentamiento global. Y de paso, a preservar la vida en el planeta Tierra. Creo que bien vale la pena el esfuerzo de todos.

Referencias

A

Adams P.J., Seinfeld J.H., Koch D.M., 1999. Global concentrations of tropospheric sulphate, nitrate and ammonium aerosol simulated in a general circulation model. Journal of Geophysical Research, 104, 13791-13823.

Adamson, I., Prieditis, H., Vincent, R., 1999. Zinc is the toxic factor in the lung response to an atmospheric particulate sample. Toxicology Applied Pharmacology, 157, 43-50.

Adamson, I., Prieditis, H., Hedgecocf, Vincent, R., 2000. Pulmonary toxicity of anatmospheric particle sample is due to the soluble fraction. Toxicology Applied Pharmacology, 166, 111-119.

Alastuey A., 1994. Caracterización mineralógica y alterológica de morteros de revestimientos en edificios de Barcelona. Tesis doctoral Facultad de Geología, Universidad de Barcelona.

Alastuey, A., Querol, X., Castillo, S., Escudero, M., Avila, A., Cuevas, E., Torres, C., Romero, P. M., Exposito, F., García, O., Díaz, J. P., Van Dingenen, R., Putaud, J. P., 2005. Characterisation of TSP and PM2.5 at Izaña and Sta. Cruz de Tenerife (Canary Islands, Spain) during a Saharan dust episode (July 2002). Atmospheric Environment, 39, 4715 - 4728.

Alastuey, A., Sánchez De La Campana, A., Querol, X., De la Rosa, J., Plana, F., Mantilla, E., Viana, M., Ruiz, C. R., García Dos Santos, S., 2006. Identification and chemical characterization of industrial PM sources in SW Spain. Journal of Air Waste Management, 56, 993-1006.

Andreae M.O., Charlson R.J., Bruynseels F., Storms H., Van Grieken R., Maenhut,W., 1986. Internal Mixture of Sea Salt, Silicates, and Excess Sulfate in marine Aerosols. Science, 232,1620–1624.

Aragón A., Leyva R., Luszczewski A., Hernández M., 1996. Características físico químicas de las partículas del polvo suspendido en el aire de la ciudad de San Luis Potosí. Avances en Ingeniería Química, 6(2), 145-151.

Aragón-Piña A. 1999. Caracterización físico química y morfológica del polvo suspendido en el aire de la ciudad de San Luis Potosí. Tesis doctoral, Universidad Nacional Autónoma de México.

Aragón-Piña A., Torres V. G., Monroy F. M., Luszczewski K. A., Leyva R. R., 2000. Scanning electron microscope and statical analisis of suspended heavy metal particles in the air of San Luis Potosi, Mexico. Atmospheric Environment, 36, 5235-5243.

Aragón-Piña A., Villaseñor T. G., Santiago J. P., Monroy F. M., 2002. Scanning and transmission electron microscope of suspended lead-rich particles in the air of San Luis Potosi, Mexico. Atmospheric Environment 36, 5235-5243.

Aragón-Piña A., Campos-Ramos A.A., Leyva-Ramos R., Hernández-Orta M., 2004. Características de las partículas contenidas en el polvo atmosférico con intensa actividad minero-metalúrgica. Memoria del XIV Congreso Internacional de Metalurgia Extractiva, Pachuca Hidalgo, México.

Aragón-Piña A., Campos-Ramos A.A., Leyva-Ramos R., Hernández-Orta M., Miranda-Ortiz N. Luszcewki-Kundra A., 2006. Ambient. Influence of industrial emissions on the atmospheric aerosol of San Luis Potosi, Mexico. Revista Internacional de Contamimación Ambiental, 22, 5-19.

Aragón-Piña A., Campos-Ramos A., Labrada G., 2007. Characterization by electronic microscopy of particulate matter in different places of Mexico influenced by different pollutants emissions. Memoria del congreso EAC, Salzburgo, Austria.

ATSDR, 2009. Agency for toxic substances & disease registry. Disponible en: http://www.atsdr. cdc.gov/es/toxfaqs/

AZojomo - The AZo Journal of Materials Online. (2000) "Cerium Properties and Applications" Disponible en: http://www.azom.com/details.asp?ArticleID=592

B

Batres L. E., Carrizales L., Grimaldo M., Mejía J. J., Ortiz D., Rodríguez M., Yañez L., Diaz-Barriga F., 1993. Caracterización del riesgo en salud por exposición de metales pesados en la ciudad de San Luis Potosí. Environmental Research, 62, 242-250.

Bernard P. C., Van Grieken R. E., 1986. Classification of Estuarine Particles Using Automated Electron Microprobe Analysis and Multivariate Techniques. Environ. Sci. Technol, 20, 467-473.

Birmili, W., Allen, A., Bary, F. Harrison, R., 2006. Trace metal concentrations and water solubility in size-fractionated atmospheric particles and influence of road traffic. Environmenntal Science and technology, 14, 4, 1144-1153.

Boubel R. W., Stern A. C., Turner D. B. y Fox D. L., 1994. Fundamentals of air pollution. Second Edition, Academic Press Inc

C

Campos R. A., 2005. Caracterización de partículas contenidas en el polvo atmosférico en el entorno de la zona industrial de San Luis Potosí. Tesis de Maestría en Ingeniería de Minerales, Universidad Autónoma de San Luis Potosí, México. Director: Antonio Aragón Piña.

Campos-Ramos, A., Aragón-Piña, A., Galindo Estrada I., Querol X., Alastuey, A., 2009. Characterization of atmospheric aerosols by SEM in rural area in the western part of Mexico and its relation with different pollution sources. Atmospheric Environment, 43, 6159-6167.

CE Comisión Europea. 2004. CAFE Working Group on Particulate Matter. Second Position Paper on Particulate Matter April, 234.

Chester R., Nimmo M., Alarcón M., Saydam C., Murphy K.J.T., Sanders G.S., Corcoran P., 1993. Defining the chemical character of aerosols from the atmosphere in the Mediterranean sea and surrounding regions. Ocean Acta, 16, 231-246.

Chester R., Johnson L. R. 1970. Atmospheric dust collected off the West African coast. Nature (Lond.), 229, 105-107.

COFEPRIS - Comisión Federal para la Protección contra Riesgos Sanitarios, 2003. Contaminantes Orgánicos Persistentes (Convenio De Estocolmo). Disponible en: http://www.cofepris.gob.mx/inter/estocolmo.htm

Colandini V., Legret M., Baladés J.,D., Brosseaud.,1995. "Metallic Pollution in Clogging Materials of Urban Porous Pavements". Water Science and Tech., 32(1), 57–62.

Cook B. y Jonson J.C., 1997. "Proposed Identification of Inorganic Lead as a Toxic Air Contaminant". California Environ. Protection Agency, Air Resources Board, Technical Support Document, EUA.

Corey G., Galvao L. A. C., 1989. Plomo, Serie de Vigilancia 8. Centro Panamericano de Ecología Humana y Salud, Organización Panamericana de la Salud, Organización Mundial de la Salud.

D

De Miguel, Llamas J.F., Chacón E., Berg T. Larssen S., Roíste O., Vadset M. 1997. "Origin and Patterns of Distribution of Trace Elements in Street Dust: Unleaded Petrol and Urban Petrol". J. Atmos. Environ., 31(17), 2733 – 2740.

Di Marco, W., Elizalde, G., Faid, Y., Pravata, R., Rojas E., 2006. Cátedra de industrias y servicios, industria de la pintura. Universidad Nacional de Cuyo. Disponible en: http://fing.uncu.edu.ar/catedras/archivos/industrias/2006Pinturas.pdf

Diouf A., Garcon G., Thiaw C., Diop Y., Fall M., Ndiaye B., Siby T., Hannothiaux M. H., Zerimech F., Ba D., Haguenoer J. M., Shirali P., 2003. "Environmental Lead Exposure and its Relationship to Traffic Density among Senegalese Children: a pilot study". Human & Experimental Toxicology, 22, 559-564.

Directiva 96/62/CE del Consejo, de 27 de septiembre de 1996, sobre evaluación y gestión de la calidad del aire ambiente, disponible en: http://aire.medioambiente.xunta.es/docs/lexislacion /europea/

Directiva 1999/30/CE del Consejo, de 22 de abril de 1999, relativa a los valores límite de dióxido de azufre, dióxido de nitrógeno y óxidos de nitrógeno, partículas y plomo en el aire ambiente, disponible en http://aire.medioambiente.xunta.es/docs/lexislacion/europea/

Directiva 2004/107/CE, de 15 de diciembre de 2004, relativa al arsénico, el cadmio, el mercurio, el níquel y los hidrocarburos aromáticos policíclicos en el aire ambiente, disponible en http://aire.medioambiente.xunta.es/docs/lexislacion/europea/

Divrikli U., Soylak M., Elci L., Dogan M., 2003. "The Investigation of Trace Metal Concentrations in the Street Dust Simples Collected from Kayseri, Turkey". J. Trace and Microprobe Tech., 21(4), 713-720.

Dockery D., Pope A., 1996. Epidemiology of acute health effects: Summary of time-series studied. En Particles in our air: concentration and health effects (Ed. Wilson R. y Spengler J.D.), 123-147. Harvard University Press.

Donaldson K., MaCnee W., 1999. The mechanism of lung injury caused by PM10. En Air Pollution and Health. Ed. Hester R.E., Harrison, R.M. Artículo de Environmental Science and Technology. Royal Society of Chemistry.

Donaldson K., MacNee W., 2001. Potential mechanisms of adverse pulmonary and cardiovascular effects of particulate air pollution (PM10). International Journal of Hygiene and Environmental Health, 203, 411–415.

Doran J., Barnard J., Arnott W., Cary R., Coulter R., Fast J., Kassianov E., Kleinman L., Laulainen N., Martin T., Paredes-Miranda G., Pekour M., Shaw W., Smith D., Springston S. y Yu X., 2007 "The T1-T2 study: evolution of aerosol properties downwind of Mexico City". Atmos. Chem. Phys., 7, 1585–1598.

Duarte A. A., 2010. Caracterización de partículas de polvo atmosférico de Barcelona y su relación con fuentes naturales y antropogénicas. Tesis de Maestría en Ingeniería de Minerales, Universidad Autónoma de San Luis Potosí, México. Director: Antonio Aragón Piña.

Dye, J., Lehmann, J., McGee, J., Winsett, D., Ledbetter, A., Everitt, J., Ghio, A., Costa, D., 2001. Acute pulmonary toxicity of particulate matter filter extracts in rats: coherence with epidemiologicalstudies in Utah Valley residents. Environmental Health Perspectives, 109, 3, 395-403.

E

EMEP Co-operative Programme for Monitoring and Evaluation of the Long Range Transmission of Air Pollutants in Europe and CORINAIR The Atmospheric emission Inventory for Europe: Atmospheric Emission Inventory guidebook . First edition 1996 Volume 1. Ed.. Gordon McInnes, European Environment Agency.

EPA Environmental Protection Agency. 1995b. AP 42, Compilation of Air Pollutant Emission Factors. Volume 1. Etationary Point and Area Sources. Fifth Edition. Disponible en: http://www.epa.gov/ttn/chief/ap42.

EPA Enviromental Protection Aagency. 2004. Air Quality Criteria for Particulate Matter. 1 y 2.

EPA Environmental Protection Agency. 2006. Disponible en: http:// www. epa.gov/air/ urbanair/ 6poll.html.

EPA Environmental Protection Agency. 2006a. Basic Concepts in Environmental Science, Particle size categories. Disponible en: http://www.epa.gov/eogapti1/module3/category/category.htm.

EPA Environmental Protection Agency. 2006b. Basic Concepts in Environmental Science, Aerodynamic diameter. Disponible en: http://www.epa.gov/eogapti1/module3/ diameter/diameter.htm.

EPER European Pollutant Emissions Register. 2001. Final Report, 81. Disponible en: http://www.eper.cec.eu.inte.

Escudero M., Castillo S., Querol X., Avila A., Alarcón M., Viana M. M., Alastuey A., Cuevas E., Rodríguez S., 2005. Wet and dry African dust episodes over Eastern Spain. Journal of Geophysical Research, 110, 4731-4746.

Escudero M., Querol X., Ávila A., Cuevas E., 2007a. Origin of the exceedances of the European daily PM limit value in regional background areas of Spain. Atmospheric Environment, 41, 730–44.

Escudero M., Querol X., Pey J., Alastuey A., Pérez N., Ferreira F., Alonso S., Rodríguez S., Cuevas E., 2007b. A methodology for the quantification.of the net African dust load in air quality monitoring networks. Atmospheric Environment, 41, 5516–24.

European Standard EN 12341. 1998. Air Quality Determination of the PM10 fraction of suspended particulate matter. Reference method and field test procedure to demonstrate reference equivalence of measurement methods.

F

Fast J., De Foy B., Acevedo-Rosas F., Cayetano E., Carmichel G., Emmons L., McKenna D., Mena M., Skamarok W., Coulter R.L., Barnard J.C., Wiedinmyer C., Madronich S., 2007. "A meteorological overview of the MILAGRO field campaigns". Atmos. Chem. and Phys., 7, 2233-2257.

Fast, J. D., Aiken, A., L.Alexander, Campos, T., Canagaratna, M., Chapman, E., DeCarlo, P., Foy, B. d., Gaffney, J., Gouw, J.d., Doran, J. C., Emmons, L., Hodzic, A., Herndon, S., Huey, G., Jayne, J., Jimene, J., Kleinman, L., Kuster, W., Marley, N., Ochoa, C., Onasch, T., Pekour, M., Song, C., Warneke, C., Welsh-Bon, D.,Wiedinmyer, C., Yu, X.-Y., Zaveri, R., 2009. "Evaluating simulated primary anthropogenic and biomass burning organic aerosols during MILAGRO: Implications for assessing treatments of secondary organic aerosols", Atmos. Chem. Phys.,9, 6191–6215.

Fernández Espinoza, A., Ternero Rodríguez, M., Barragán de la Rosa, F., Jiménez Sanchez, J., 2002. Achemical speciation of trace metals for fine urban particles. Atmospheric Environment, 36, 5, 773-780.

Fisher G. L. y Natusch D. F. S. Size dependence of physical and chemical properties of coal fly ash. In Analytical Methods for Coal and Coal Products Vol. III (editado por Karr, C., Jr), 489-541. Academic Press, New York, 1979.

Flores J., Vaca M., López R., González A. y Barceló M. 2002. Metales tóxicos en polvos de estacionamientos cerrados. Federación Mexicana de Ingeniería Sanitaria y Ciencias Ambientales (FEMISCA), Memorias del XIII Congreso Nacional de Ingeniería Sanitaria y Ciencias Ambientales, México. Disponible en: http://www.femisca.org/publicaciones/XIIIcongreso/XIIICNIS151.pdf

G

Galindo, I., Ivlev, S. L., González, A., Ayala, R., 1998. Airbone measurements of particle and gas emissions from the December 1994-January 1995 eruption of Popocatépetl volcano (Mexico). Journal of Volcanology and Geothermal Research, 83, 197-217.

Galindo I., Roeder G., López J. P., 2008. Long term AVHRR observations of surface radiative flux from El Chichón crater lake (1996-2006). Journal of Volcanology and Geothermal Research, 175, 488-493.

Galloo J. C.; Guillermo R., Leonardis, T. y Mallet B., 1989. Determination of lead in atmospheric dust by X-ray fluorescence spectrometry. Analysis, 17 Iss 10, 576-580.

Gangoiti G., Millán MM., Salvador R., Mantilla E., 2001. Long range transport and re- circulation of pollutants in the Western Mediterranean during the RECAPMA Project. Atmospheric Environment, 35, 6267–76.

Gasca J. M., 2007. Caracterización por SEM-EDS de aeropartículas antrópicas de la fracción respirable en la ciudad de Querétaro y su relación con fuentes contaminantes. Tesis de Maestría en Facultad de Química, Universidad Autónoma de Querétaro, México. Director: Antonio Aragón Piña.

Guio, A., Devlin, R., 2001. Inflamatory lung injury after bronchial instillation of air pollution particles. American Journal of Respiratory Critical Care Medicine, 164, 704-708.

Gillette D. A., Walker T. R., 1975. Characteristics of airborne particles produced by wind erosion of sandy soil. High Plains of West Texas. Soil Sci., 123, 97-11.

Grantz, D.A., Garner, J.H.B., Johnson, D.W., 2003. Ecological effects of particle matter. Environmental International, 29, 213-239.

Guo, L., Dai, J., Tian, J., Zhu, Z., He, T., 2007. Molten salt synthesis of ZnNb2O6 powder. Materials Research Bulletin, 42, 2013-2016.

Harrison R. M., Pio C., 1983. Size differentiated composition of organic aerosol of both marine and continental polluted origin. Atmospheric Enviroment, 17, 1733-1738.

Harrison R. M., Yin J., 2000. Particulate matter in the atmosphere: which particle properties are important for its effects on health. The Science of the Total Environment, 249, 85-101.

Hays, D.M., Fine, M.P., Geron, D.C., Kleeman, J.M. Gullett, K. B., 2005. Open burning of agricultural biomass: Physical and chemical properties of particle-phase emissions. Atmospheric Environment, 39 (36), 6747-6764.

I

INE - Instituto Nacional de Ecología, 2005 Generalidades de Algunos Elementos Potencialmente Tóxicos. Disponible en: http://www.ine.gob.mx/ueajei/publicaciones/libros/459/anexo.html

INEGI (Instituto Nacional de Estadística, Geografía e Informática), 2008. Agenda Estadística de los Estados Unidos Mexicanos. Disponible en: http://www.inegi.org.mx/sistemas/mexicocifras/

IMAC - Iniciativa Mexicana de Aprendizaje para la Conservación, 2003. Agenda 21. Disponible en: http://www.imacmexico.org/ev_es.php?ID=8184_201&ID2=DO_TOPIC

J

Jokilaakso A., Stromberg S, Jyrkonen S, Peuraniemi E., 1998. Microscopical Characterization of Oxidation Products from Suspension Smelting Studies. Waste Characterization and Treatment. Editado por Petruk W., 19-34.

Jorba O., Pérez C., Rocadenbosch F., Baldasano J.M., 2004. Cluster analysis of 4 day back trajectories arriving in the Barcelona Area (Spain) from 1997 to 2002. Meteorology, 43, 887–901.

K

Karue J., Kinyua A.M., El-Busaydi A.H.S., 1992. Measured components in total suspended particulate matter in Kenyan urban area. Atmospheric Environment, 26B, 505-511.

Kleefeld S., Hoffer A., Krivacsy Z., Jennings S.G., 2002. Importance of organic and black carbon in atmospheric aerosols at Mace Head, on the West Coast of Ireland (531190N, 91540W). Atmospheric Environment, 36, 4479 - 490.

Krueger B., Grassian V. Ledema M., Cowin J. y Laskin A., 2003. Probing heterogeneous chemistry of individual atmospheric particles using scanning electron microscopy and energy-dispersive x-ray analysis. Analytical Chemistry, 75, 5170-5179.

L

Labrada D.G., 2006. Caracterización de partículas del polvo atmosférico de la Zona Metropolitana del Valle de México. Tesis de Maestría en Ingeniería de Minerales, Universidad Autónoma de San Luis Potosí, México. Director: Antonio Aragón Piña.

Lenntech, 1998. "Yttrium". Water treatment & air purification Holding. Disponible en: http://www.lenntech.com/Periodic-chart-elements/Y-en.htm

Linton R. W., Farmer M. E., Hopke P. K., Natusch D. F. S., 1980. Determination of the sources of toxic elements in environmental particles using microscopic and statistical analysis techniques. Environment International, 4, 453-461.

LGEEPA- Ley General del Equilibrio Ecológico y la Protección al Ambiente, 2007. Disponible en: http://www.semarnat.gob.mx/leyesynormas

Loomis D.P., Castillejos M., Gold D.R., McDonnell W., Borja Aburto V.H. 1999. "Air Pollution and Infant Mortality in Mexico City". Epidemiology, 10(2), 118-123.

Luszczewski A., Medellín P., Hernández M., 1988. Medición de contaminantes de aire en San Luis Potosí. Investigación, 23-24, 89-100.

M

McGovern F.M., Nunes F., Raes F., Gonzales-Jorge H., 2002. Marine and anthropogenic aerosols at Punta Del Hidalgo, Tenerife, and the aerosol nitrate number paradox. Anthopogenic influences on the chemical and physical properties of aerosols in the Atlantic sub-tropical region during July 1994 and July 1995. Journal of Geophysical Research, 104, 14309-14319.

Medellín P., Hernández M., 1988. Evaluación de la calidad del aire en San Luis Potosí. Investigación, 23-24, 82-88.

Mellekh A., Zouaoui M., Azzouz F. Ben, Annabi M. y Salem M.B., 2006. Nano- Al2O3 Particle Addition Effects on Y-Ba2Cu3Oy Superconducting Properties A. Solid State Comm., 140(6), 318-323.

Milford J. B. and Davidson C. I., 1987. The sizes of particulate sulphate and nitrate in the Atmosphere. A review. JAPCA, 37, 2, 125-134.

Miranda J., Andrade E., López S. A., Ledesma R., Cahill T. A., Wakabayashi P. H., 1996. A receptor model for atmospheric aerosols from a southwestern site in Mexico City. Atmospheric Environment, 30, 3471-3479.

Miranda, J., Zepeda, F., Galindo, I., 2004. The posible influence of volcanic emissions on atmospheric aerosols in the city of Colima, Mexico. Environmental Pollution, 127, 271-279.

Miranda, J., Cahill, T. A., Morales, J. R., Aldape, F., Flores, M. J., Díaz, R. V., 1994. Determination of elemental concentrations in atmospheric aerosols in México City using proton induced X-ray emission, proton elastic scattering, and laser absorption. Atmospheric Environment, 28, 2299-2306.

Moffet R., Desyaterik Y., Hopkins R., Tivanski A., Gilles M., Wang Y., Shutthanandan V., Molina L., Gonzalez R., Johnson K., Mugica V., Molina M., Laskin A., Prather K., 2008. Characterization of Aerosols Containing Zn, Pb, and Cl from an Industrial Region of Mexico City. Environ. Sci. Technol., 42, 7091–7097.

Molina L., Madronich S., Gaffney J., Apel E., De Foy B., Fast J., Ferrare R., Herndon S., Jimenez J., Lamb B., Osornio-Vargas A., Russell P., Schauer J., Stevens P., Volkamer R., Zavala M., 2010. An overview of the MILAGRO 2006 Campaign: Mexico City emissions and their transport and transformation. Atmos. Chem. Phys., 10, 8697–8760.

Moreno, T., Merolla, L. Gibbons, W., Jones, T., Richards, R., 2004. The study of source apportionment and oxidative potential of airbone particles in high traffic and steelworks industrial environment a case from Port Talbot, UK. The Science of the Total Environment, 333, 59-73.

N

Nawrot, T., Plusquin, M., Hogervorst, J., Roels, H., Celis, H., Thijs, L., Vangronsveld, J., Van Hecke, E., Staessen, J., 2006. Environmental exposure to cadmium and risk of cancer: a prospective population-based study. The Lancet, 7, 119-126.

Noll K., Yuen,P., Fang Y., 1990. Atmospheric coarse particulate concentrations and dry deposition fluxes for ten metals in two urban environments. Atmospheric Environments, 24A, 903-908.

O

Obenholzner, J.H., Schroettner, H., Delgado, H., 2003. Barite aerosol particles from volcanic plumes and fumaroles – FESEM/EDS analysis. Geophysical Research Abstracts, 5, 08119.

Oberdörster G., Finkelstein J., Johnston C., Gelein R., Cox Ch., Baggs R. y Elder A., 2000. Acute Pulmonary Effects of Ultrafine Particles in Rats and Mice. Health Effects Institute, Research Report 96, EUA.

P

Pacyna J. M., 1984. Estimation of the atmospheric emissions of trace elements from anthropogenic sources in Europe. Atmospheric Environment, 18 No.1, 41-50.

Pacyna, J. M., 1986. In toxic metals in the atmosphere, Nriagu, J. O., Davidson, C. I., eds; Willey, New York.

Pakkanen A., Hillamo R.E., Aurela M., Yersen H.V., Grundahl L., Ferm M., Persson K.,Karlsson V., Reissell A., Royset O., Floisy I., Oyola P., Ganko T., 1999. Nordicintercomparison for measurement of major atmospheric nitrogen species. Journal of Aerosol Science, 30, 247-263.

Papasavva S., Kia S., Claya J. y Gunther R., 2001. Characterization of automovile paints: An environmental impact analysis". Progress in Organic Coatings, 43, 193 – 206.

Pastuszka J., Hlawiczka S., 1993. Particulate pollution levels in Katowice, a highly industrialized polish city. Atmospheric Environmental, 27B, 59-65.

Pérez C., Sicard M., Jorba O., Comeron A., Baldasano J. M., 2004. Summertime re-recirculations of air pollutants over the North-Eastern Iberian coast observed from systematic EARLINET lidar measurements in Barcelona. Atmospheric environment, 38, 3983-4000.

Pérez, N., Pey, J., Querol, X., Alastuey, A., López, J.M., Viana, M., 2008. Partitioning of major and trace components in PM10–PM2.5–PM1 at an urban site in Southern Europe. Atmospheric Environment, 42, 1677-1691.

PITV- Programa Integral de Transporte y Vialidad 2001-2006. Disponible en: http://www.setravi.df.gob.mx/programas/pitv.pdf

PNUMA - Programa de las Naciones Unidas para el Medio Ambiente, 2004. El Convenio de Viena y Protocolo de Montreal. Secretaría del Ozono. Disponibles en: http://ozone.unep.org/spanish/Treaties_and_Ratification/2A_vienna_convention.asp,
http://ozone.unep.org/spanish/Treaties_and_Ratification/2B_montreal_protocol.asp

Pope C., Burnet R., Thun M. 2002. Lung cancer, cardiopulmonary mortality and long term exposure to fine particulate air pollution. JAMA, 287, 1132-1141.

POST Parliamentary Office of Science and Technology, 1996. Fine Particles and Health. Technical Report 82, England.

Post J. E., Buseck P. R., 1985. Characterization of individual particles in the Phoenix urban aerosol using electron-beam instruments. Envir. Sci. Technol., 18, 35-42.

Putaud J.P., Raes F., Van Dingenen R., Baltensperger U., Brüggemann E., Facchini M.C., Decesari S., Fuzzi S., Gehrig R., Hüglin C., Laj P., Lorbeer G., Maenhaut W., Mihalopoulos N., Müller K., Querol X., Rodriguez S., Schneider J., Spindler G., ten Brink H., Tørseth K., Wiedensohler A., 2004. A European aerosol phenomenology 2 chemical characteristics of particulate matter at kerbside, urban, rural and background sites in Europe. Atmospheric Environment, 38, 2579-2595.

Pyle D. y Mather T., 2005. The regional influence of volcanic emissions from Popocatépetl México: Discussion of measurement of aerosol particles gases and flux radiation in the Pico de Orizaba National Park and its relationship to air pollution transport. Atmospheric environment, 39, 3877-3890. Querol X., Alastuey A., López-Soler A., Mantilla E., Plana F., 1996. Mineralogy of atmospheric particulates around a large coal-fired power station. Atmospheric Environment, 30, 3557-3572.

Q

Querol, X., Alastuey A., Puicercus J.A., Mantilla E., Ruiz C.R., López-Soler A., Plana F., Juan R. 1998a. Seasonal Evolution of Suspended Particles around a Large Coal-Fired Power Station: Chemical characterization. Atmospheric Environment, 32, 719-731.

Querol, X., Alastuey A., Puicercus J.A., Mantilla E., Miró J.V., López-Soler A., Plana F., Artiñano B., 1998b. Seasonal Evolution of Suspended Particles around a Large Coal-Fired Power Station: Particle Levels and Sources. Atmospheric Environment, 32, 1963-1978.

Querol X., Alastuey A., Rodríguez S., Plana F., Mantilla E., Ruiz C. R., 2001. Monitoring of PM10 and PM2.5 around primary particulate anthropogenic emisión sources. Atmosferic Enviroment, 35, 845-858.

Querol X., Alastuey A., Rodríguez S., Plana F., Ruiz C.R., Cots N., Massague G. y Puig O., 2002. PM10 and PM2.5 source pportionment in the Barcelona Metropolitan Area. Atmospheric Environment, 35, 6407–6419.

Querol X., Alastuey A., Rodríguez S., Viana M.M., Artiñano B., Salvador P., Mantilla E., García de Santos S., Fernandez Patier R., de la Rosa J., Sanchez de la Campa A., Menendez M., Gil I., 2004a. Levels of PM in rural, urban and industrial sites in Spain. Science of the Total Environment, 20, 334–376.

Querol X., Alastuey A., Rodríguez S., Viana M.M., Artiñano, B., Salvador P., Mantilla E., Garcia Do Santos S., Fernyez Patier R., De La Rosa J., Sanchez De La Campa A., Menendez M., 2004b. Levels of PM in rural, urban and industrial sites in Spain. The Science of Total Environment, 334, 359-376.

Querol X., Alastuey A., Ruiz C.R., Artiñano B., Hansson H.C., Harrison R.M., Buringh E., Ten Brink H.M., Lutz M., Bruckmann P., Straehl P., Schneider J. 2004c. Speciation and origin of PM10 and PM2.5 in selected European cities. Atmospheric Environment, 38, 6547-6555.

Querol X., Alastuey A., Moreno T., Viana M., 2006. Atmospheric particulate matter in Spain: levels, composition and source origin. Ministerio del Medio Ambiente. Ed. Sociedad Anónima de Fotocomposición. Madrid, España.

R

Raga, G.B., Baumgardner, D., Castro, T., Navarro, R., 2001. México City air quality: a quantitative review of gas and aerosol measurements (1960-2000). Atmospheric Environment, 34, 4041-4058.

Rodríguez, S., Guerra J.C., 2001a. Monitoring of ozone in a marine environment in Tenerife (Canary Islands). Atmospheric Environment, 35, 1829-1841.

Rodríguez S., Querol X., Alastuey A., Kallos G., Kakaliagou O., 2001b. Saharan dust contributions to PM10 and TSP levels in Southern and Eastern Spain. Atmospheric Environment, 35, 2433–2447.

Rodríguez, S., Querol, X., Alastuey, A., Viana, M. M., Mantilla, E., 2003. Events affecting levels and seasonal evolution of airborne particulate matter concentrations in the Western Mediterranean. Environmental Science and Technology, 37, 216–222.

Rojas C. M., Artaxo P., Van Grieken. R., 1990. Aerosols in Santiago de Chile: A study using Receptor modeling with X-ray fluorescence and single particle analysis. Atmospheric Environment, 24B, No.2, 227-241.

Ronneau C., Navarre J. L., Cara J., 1978. A three-year Study of air Pollution Episodes in a Semi Rural Area. Atmospheric Environment, 12, 877-881.

Root R. A., 2000. Lead Loading of Urban Streets by Motor Vehicle Wheel Weights. Environmental Health, 108(10), 937-940.

S

Samara C., Kouimtzis T., Tsitoridou R., Kanias G., Simeonov V., 2003. Chemical mass balance source apportionment of PM10 in na industrialized urban area of northern Greece. Atmospheric Environment, 37, 41-54.

Schaap M., Müller K., Ten Brink H.M., 2002. Constructing the European aerosol nitrate concentration field from air quality analysed data. Atmospheric Environment, 36, 1323-1335.

Schauer, J.J., Lough, G.C., Shafer, M.M., Christensen, W.F., DeMinter, J.T., Park, J.S., 2006. Characterization of metals emitted from motor vehicles. Health Effects Institute, Research report number 133, March.

SE – Secretaría de Economía. (2005) "Catálogo de Normas Oficiales Mexicanas". Disponible en: http://www.economia-noms.gob.mx/

Secretaria de Desarrollo Economico, SEDECO. 2004, Directorio de empresas que operan en las zonas y parques industriales de la ciudad de San Luis Potosí.

SEDESU (Secretaría de Desarrollo Sustentable), 2006. Anuario Económico de Querétaro. Disponible en: http://www.queretaro.gob.mx/sedesu/deseco/esteco/perfeco/anuario/2006/index.htm

Seoánez C. M., 2002. Tratado de la contaminación atmosférica problemas, tratamiento y gestión. Ed. Mundiprensa, España.

Shi, Z., Shao, L., Jones, T. P., Whittaker, A. G., Lu, S., Bérubé, K. A., He, T., Richards, R.J., 2003. Characterization of airborne individual particles collected in an urban area, a satellite city and a clean air area in Beijing, 2001. Atmospheric Environment, 37, 4097-4108.

SIDECAP (Sistema de Información para el Desarrollo Empresarial la Competitividad y la Articulación Productiva), 2005. Queréraro, México.

Simpson R., Williams G., Petroeschevsky A., Best T., Morgan G., Denison L., Hinwood A., Neller,A., 2005. The short-term effects of air pollution on daily mortality on four Australian cities. Australian and New Zealand Journal of Public Health, 29 (3), 205-212.

T

Tardif R., 2001. Interactions Between Aerosols and Fog. University of Colorado at Boulder, Program in Atmospheric and Oceanic Sciences 5600, Diciembre. Disponible en: http://www.rap.ucar.edu/staff/tardif/Documents/CUprojects/ATOC5600/aerosols_fog.htm

Teri L., Ronald W., 2001. Individual particles analysis of indoor, outdoor and community samples from the 1998 Baltimore particulate matter study. Atmospheric Environment, 35, 3935-3946.

Teri L., Ronald W., 2004. Identification of posible sources of particulate matter in the personal cloud using SEM/EDX. Atmospheric Environment, 38, 5305-310.

V

Van Borm W., Adams F., Van Espen P., 1987a. Source apportionment of the zinc-containing component of air particulate matter using automated electron probe micro analysis of individual particles . Int J. Envir. Analyt, Chem., 31, 165-182.

Van Borm W., Adams F., 1987b. Source apportionment of air particulate matter in Antwerp, Belgium. J. Aerosol Sci., 6, 593-596.

Van Borm, Adams F., 1989. Characterization of individual particles in the Antwerp aerosol. Atmospheric Environment, 23 No.5, 1139-1151.

Viana M., Pérez C., Querol X., Alastuey A., Nickovic S., Baldasano J. M., 2005. Spatial and temporal variability of PM levels and composition in a complex summer atmospheric scenario in Barcelona (NE Spain). Atmospheric Environment, 39, 5343–5361.

W

Wark K., Warner C. F., 2002. Contaminación del Aire, Origen y Control. Ed. Limusa, México.

Watkins M., Adams N., Gallenstein Ch., Jorgensen M., Mahdavi R., Mehl D., Mouradian G., Oliver K., Servin T., 2001. Airborne toxic control measure for emissions of hexavalent chromium and cadmium from motor vehicle and mobile equipment coatings". California Environ. Protection Agency, Air Resources Board, Staff Report, EUA.

Y

Yue, W., Li, X., Liu, J., Li, Y., Yu, X., Deng, B., Wan, T., Zhang, G., Huang, Y. He, W., Hua, W., Shao, L., Li, W., Yang, S., 2006. Characterization of PM2.5 in the ambient air of Shanghai city by analyzing individual particles. Science of the Total Environment, 368, 916-925.

Z

Zabalza J., Oguley D., Hopke P. K. Lee J. H., Querol X., Alastuey A., Santamaría J. M., 2006. Concentration and sources of PM10 and its constituents in Altsasu, Spain. Water, Air, and Soil Pollution, 174, 385-404.

Índice alfabético

Niveles de contaminación, 13, 15, 17, 26, 27, 30, 45, 46, 50, 53, 54, 55, 141, 153, 159, 160